Rajendra Prasad Kypa
Raghavendra Chilamakuru
Ambica Ankam

Um Sistema Eficaz de Deteção de Massa em Mamografias Baseado em Caraterísticas de Textura

Rajendra Prasad Kypa
Raghavendra Chilamakuru
Ambica Ankam

Um Sistema Eficaz de Deteção de Massa em Mamografias Baseado em Caraterísticas de Textura

ScienciaScripts

Imprint

Cover image: www.ingimage.com

This book is a translation from the original published under ISBN 978-613-3-99209-2.

Publisher:
Sciencia Scripts
is a trademark of
Dodo Books Indian Ocean Ltd. and OmniScriptum S.R.L publishing group

120 High Road, East Finchley, London, N2 9ED, United Kingdom
Str. Armeneasca 28/1, office 1, Chisinau MD-2012, Republic of Moldova, Europe
Printed at: see last page
ISBN: 978-620-8-07526-2

ÍNDICE

NOMENCLATURA.. 2
CAPÍTULO 1 - INTRODUÇÃO.. 3
CAPÍTULO 2 - INQUÉRITO BIBLIOGRÁFICO.. 14
CAPÍTULO 3 - METODOLOGIA... 24
CAPÍTULO 4 - APLICAÇÃO 40
CAPÍTULO 5 - Trabalhos futuros, ecrãs de resultados e conclusão................................ 46

NOMENCLATURA

Symbol/Acronym	Description
JPEG	Joint Photographic Expert Group
PNG	Portable Network graphics
GIF	Graphics Interchange Format
MIAS	Mammographic Imaging Analysis Society
PACS	Picture filling & interchanges System
CAD	Computer-aided Design
FPR	False Positive Rate
DDSM	Digital Database Screening Mammography
GLCM	Gray Level Co-occurrence Matrix
SVM	Support Vector Machine
ROI	Region of Interest
LDA	Linear Discriminate Examination
ROC	Receiver Operating Characteristic

CAPÍTULO 1 - INTRODUÇÃO

1.1. Introdução

1.1.1. O que é o cancro da mama?

O cancro da mama refere-se a um tumor maligno desenvolvido pelas células. O cancro da mama é a doença mais frequentemente analisada, separada da malignidade da pele. A malignidade da mama é também a razão da segunda causa de morte por cancro entre as mulheres, depois da doença pulmonar. "Basicamente, o Cancro da Mama implica uma malignidade influenciada nas pessoas, particularmente nas mulheres". A malignidade do peito é atualmente o maior crescimento reconhecido que influencia as mulheres em todo o mundo. O mamográfico (lojas de cálcio) é um destaque entre as estratégias mais confiáveis e poderosas para reconhecer o crescimento do peito. As microcalcificações (pequenas reservas de cálcio no tecido delicado do peito) são pequenas reservas de sais de cálcio dentro do tecido do peito que aparecem como pequenas manchas esplêndidas nas mamografias. A proximidade de feixes de microcalcificações é uma indicação essencial de malignidade do seio. O significado radiofónico legítimo de um feixe de microcalcificações é uma região de 1 cm2 que contém, no fim de contas, pelo menos três microcalcificações. A determinação espacial da mamografia é elevada (normalmente no âmbito de 40-100 μm por pixel), a secção principal de dois patches de imagens mamográficas retiradas da sociedade de exame de imagens mamográficas (MIAS). Os radiologistas (decifra imagens terapêuticas no atual sistema de arquivamento e troca de imagens (PACS) interpretando micro calcificações em mamografias, as estruturas de descoberta auxiliada por PC (CAD) foram conectadas para diminuir a taxa de falsos positivos (FPR) enquanto cuidam da afetividade.

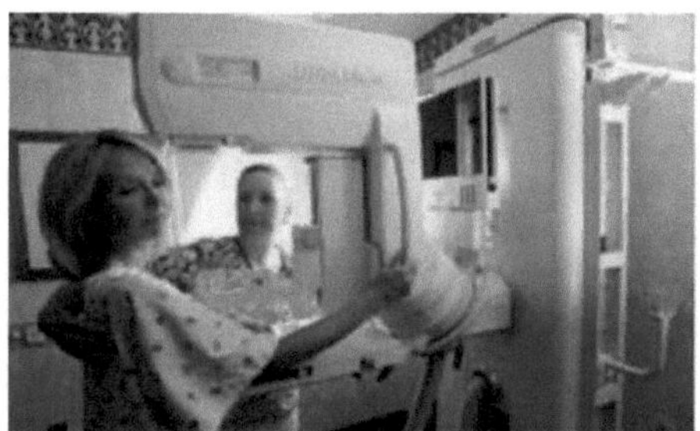

Tal como noutros quadros de determinação terapêutica, os raios X são utilizados como aparelhos demonstrativos na mamografia para o exame do seio humano. Estes exames são registados como imagens específicas que são depois vistas pelos radiologistas para detetar qualquer variação concebível em relação à norma. Nas linhas que se seguem, são referidas algumas estratégias que utilizam a mamografia para a identificação precoce do crescimento do seio. A mamografia não consegue identificar cada tipo de crescimento do peito, mas, ao mesmo tempo, é o mundo geralmente utilizado para a descoberta de doenças do peito devido à sua baixa imprevisibilidade. O cálculo da mamografia apenas distingue as massas irregulares do exame.

As imagens de mamografia podem ser caracterizadas em dois tipos, tendo em conta o seu tipo de tecido, por exemplo, glandular gorduroso e espesso. Consoante o tipo de anomalia que surge, esta pode ser considerada favorável ou ameaçadora. A informação utilizada como parte das investigações inclui três conjuntos de dados, que são constituídos por fragmentos de imagens de vários casos (retirados de várias mamografias). A base de dados MIAS representa o principal conjunto de dados do MIAS. Contém 20 fragmentos de imagens com um tamanho semelhante de 512 × 512 pixéis. Inicialmente, as imagens utilizadas para este trabalho seriam recolhidas da pequena base de dados da Mammogram picture investigation society (MIAS). Numa imagem, a propriedade literária assume um papel crítico na obtenção de dados úteis, juntamente com o exame da imagem, e para distinguir a imagem em benéfica ou perigosa. As mamografias foram digitalizadas a 50 μm por pixel, com uma espessura ótica rectilínea na gama de 0 a 3,2. O segundo conjunto de dados foi isolado da base de dados de mamografia de rastreio (DDSM), que contém 300 fragmentos de imagens com tamanhos diferentes (o tamanho típico destes fragmentos fotográficos é de 482 × 450 pixels). A base de dados de mamografias DDSM é constituída por um de quatro scanners únicos: O DBA calcula o M2100 Image Clear (42 μm por pixel, 16 bits), o Howtek 960 (43,5 μm por pixel, 12 bits), o Lumisys 200 Laser (50 μm por pixel, 12 bits) e o Howtek MultiRad850 (43,5 μm por pixel, 12 bits). Ao contrário dos dois conjuntos de dados subjacentes, o terceiro conjunto de dados contém 25 patches de imagens electrónicas de campo completo retirados de uma base de dados mamográfica não pública. Utilizou-se o histograma de inclinações dominantes (HoG) e o sistema de coocorrência de níveis de cinzento (GLCM). Utilizando vários procedimentos de aprendizagem automática, por exemplo, as estruturas neurais reforçam a taxa de precisão das máquinas vectoriais (SVM) que podem ser medidas num curso de ação de imagens de mamografia. Entre eles, as máquinas de vectores de apoio são uma escolha perfeita para a aprendizagem de dados de mamografias, que funcionam eficazmente na organização de mamografias. A execução dos procedimentos referidos neste trabalho será efectuada utilizando a programação do MATLAB. A determinação por PC da mamografia (CAD) pode ser caracterizada como a melhor técnica ideal para a descoberta de tumores do seio. O tumor do seio continua a ser um problema médico geral crítico entre as mulheres de todo o mundo. Tornou-se a principal fonte de passagens de crescimento entre as mulheres da Malásia. A maneira de melhorar a antecipação da malignidade do seio é através da descoberta precoce. O sinal crítico para a identificação da doença do peito é a proximidade de lesões, por exemplo, grupos de calcificação de menor escala (MCCS). Neste estudo, será utilizada a abordagem baseada na mamografia, uma vez que é especialmente adequada para identificar este tipo de lesões. Até à data, a mamografia continua a ser o melhor método sintomático para a deteção precoce de tumores do seio. Seja como for, devido a alguns impedimentos, nem todas as doenças do peito podem ser reconhecidas pela mamografia. O principal objetivo deste documento é examinar as estruturas de reconhecimento e análise suportadas por PC que foram propostas, delineadas e criadas por especialistas do passado, tendo em mente o objetivo final de vencer as desvantagens das mamografias, ajudando os radiologistas a distinguir as variações particulares da norma e melhorando a precisão analítica na escolha das opções demonstrativas.

1.1.2. O que é a mamografia?

Tal como noutras estruturas de descoberta restauradoras, as hastes em X são utilizadas como dispositivo expressivo na mamografia para o exame do seio humano. Estes exames são registados como imagens específicas, que são depois observadas por radiologistas para detetar qualquer possível variação em relação ao padrão. Nas linhas que se seguem, são discutidas algumas metodologias que utilizam a mamografia para o reconhecimento precoce de tumores no peito. A mamografia não consegue reconhecer todos os tipos de tumores torácicos, mas, entretanto, é o método mais utilizado em todo o mundo para a deteção de doenças torácicas, devido à sua baixa qualidade versátil. A contagem dos mamogramas apenas detecta as massas estranhas do exame.

O procedimento de mamografia reconhece cerca de 75%-85% dos casos de tumores no peito. Existem dois procedimentos na mamografia: o pré-processamento e a pós-tomada.

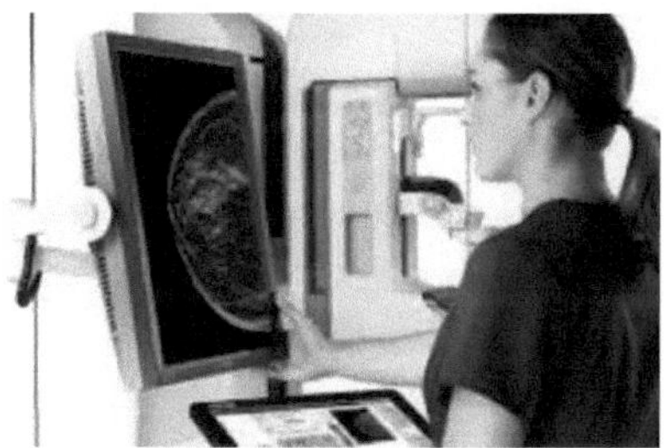

Figura 1.1 Imagem de mamografia

1.1.3. Pré-processamento

As imagens de mamografia são difíceis de decifrar. Estas mamografias incorporam igualmente a expulsão das zonas indesejáveis e tornam o território de entusiasmo mais inconfundível através da expansão da diferenciação, o que é terminado pela definição de um limite de estima. O ponto principal do pré-processamento é melhorar a informação da imagem.

As imagens mamográficas com calcificações e massas de menor dimensão são tipicamente pequenas e de baixa complexidade, o que torna as anomalias difíceis de identificar. A parte de pré-processamento inclui a melhoria da imagem, a expulsão de comoções, veias e tecidos glandulares, que se tornam uma razão para alguns falsos positivos durante o processo de descoberta. A mamografia que contém uma massa em vista mediolateral inclinada (MLO) e a técnica de pré-tratamento estão representadas abaixo. A modificação da complexidade foi primeiramente ligada para alterar a diferença da mamografia, escalando diretamente as estimativas de pixels entre os limites superior e inferior. As estimativas de pixéis que se encontram neste intervalo são imersas na estimativa restrita superior ou inferior, individualmente.

1.2. PROBLEMA DEFINIÇÃO DA CLASSIFICAÇÃO DAS MASSAS

1.2.1. O que é a micro-calcificação?

As microcalcificações são pequenas reservas de cálcio que se assemelham. As calcificações em pequena escala não são normalmente uma consequência do crescimento. Em qualquer caso, no caso de aparecerem em exemplos específicos e estarem agrupados, podem ser uma indicação de células pré-cancerosas ou doença precoce do seio.

1.2.2. O que são calcificações mamárias?

As calcificações mamárias são extremamente normais e, na sua maioria, crescem normalmente com a idade. São geralmente benignas (não são uma doença) e o facto de ter uma calcificação mamária benigna não constitui um perigo para o seu tumor mamário.

Foram propostas numerosas técnicas de CAD de calcificações de pequena escala em mamografias. Foi contemplado um conjunto de destaques na escrita para descrever as microcalcificações e organizar estas variações da norma em prejudiciais e benignas, por exemplo, forma, morfologia, grupo, força e destaques de superfície. As primeiras investigações demonstraram como as qualidades morfológicas das calcificações em escala miniaturizada podiam ser utilizadas para separar os casos nocivos dos favoráveis. A forma e as caraterísticas morfológicas são basicamente extraídas de calcificações individuais em escala miniaturizada e representam as qualidades morfológicas de calcificações individuais em escala mais pequena, por exemplo, dureza, tamanho e forma. A morfologia dos grupos de microcalcificações, por exemplo, a zona do grupo, o limite do grupo, a distância entre os grupos, a circularidade do grupo, a excentricidade do grupo e o alongamento do grupo. Apresentámos para refazer e decompor cachos de calcificação em escala miniaturizada em 3-D a partir de duas vistas mamográficas.

1.2.3. O que são aglomerados de microcalcificações?

Investigamos um modelo científico para retratar as calcificações de menor escala agrupadas em mamografias para antecipar o agrupamento e a revisão obsessivos. A nossa base de dados inclui tanto a revisão de muitos casos como a planificação de muitos casos com grupos de calcificações miniaturizadas em mamografia analisados patologicamente.

1.2.4. O que é a imagiologia mamográfica?

Na imagiologia mamográfica, a proximidade de calcificações de menor dimensão, pequenas reservas de cálcio no seio, é um marcador essencial do crescimento do seio. No entanto, nem todas as calcificações em pequena escala são ameaçadoras e o seu transporte no interior do seio pode ser utilizado para demonstrar se os grupos de calcificações em escala miniaturizada são favoráveis ou perigosos.

1.3. Sistema atual

A avaliação da calcificação em escala miniaturizada da mama, a calcificação perigosa em escala menor é pouco numerosa (>5 por centro dentro de 1 cm2) e existem nos ductos de drenagem (são pequenos tubos que drenam dos órgãos de drenagem para fora da ponta da aréola) e estruturas relacionadas na anatomia ductal do seio (tanto as projecções como os lóbulos estão associados a canais de drenagem) estas calcificações de menor escala surgem no estroma do seio (o tecido entre os tubos e os órgãos é feito de gordura e tecido muscular, o nome não específico é estroma). Estas distinções resultam em variedades no transporte e proximidade de calcificações de pequena escala dentro dos grupos e dão aos radiologistas (traduz imagens terapêuticas num sistema avançado de arquivamento de imagens e correspondências (PACS)) escolhas no que diz respeito à necessidade de avaliação prévia e biópsia mamária concebível (para evacuar uma pequena amostra de tecido mamário para testes em centros de investigação).

1.4. Desvantagens do sistema atual

• As primeiras abordagens à luz da forma/morfologia das microcalcificações individuais são extremamente pequenas (ocupando apenas um par de pixéis) para examinar as propriedades da forma/morfologia destas pequenas questões

• A segunda microcalcificação pode ter um contrato baixo quanto ao tecido circundante, em particular as microcalcificações de tecido espesso, e uma força homogénea elevada.

• As abordagens que descrevem a dispersão espacial da microcalcificação num grupo.

• Nesta ausência de vigor e de adaptabilidade (prontamente equipados para se adaptarem) às diferentes resoluções espaciais das mamografias.

• O CAD da doença do peito foi criado nas duas décadas anteriores, tem uma elevada afetividade, o agrupamento programado e preciso da calcificação em escala miniaturizada.

1.5. Sistema proposto

Nesta técnica de visualização e agrupamento de grupos de calcificações à escala miniaturizada em mamografias, tendo em conta as suas propriedades topológicas (em aritmética, a topologia preocupa-se em incorporar a conetividade e a conservatividade, sendo um dispositivo viável para criar modelos científicos). A topologia dos grupos de microcalcificações é decomposta a diferentes escalas, utilizando um diagrama baseado na representação da sua estrutura topológica. Esta estratégia é particular em relação às metodologias existentes que se concentram fundamentalmente na morfologia (a investigação da estrutura ou estado de uma criatura) de calcificações individuais à escala miniaturizada e apenas registam os destaques do grupo com base na separação a partir de uma escala estabelecida. Nesta estratégia, um arranjo de destaques topológicos é separado de gráficos de microcalcificações em várias escalas, e um vetor de componentes topológicos multiestado é, ao longo destas linhas, criado para segregar entre casos perigosos e casos simpáticos.

A informação utilizada como parte dos ensaios é composta por três conjuntos de dados, que são constituídos por fragmentos de imagens de vários casos (retirados de várias mamografias). O conjunto de dados principal foi retirado da base de dados MIAS, que contém 20 fragmentos de imagens com um tamanho semelhante de 512 × 512 píxeis. As mamografias foram digitalizadas para 50 µm por pixel com uma espessura ótica reta no intervalo 0-3,2. O segundo conjunto de dados foi separado da base de dados informatizada para mamografia de rastreio (DDSM), que contém 300 fragmentos de imagens com tamanhos diferentes (o tamanho normal destes fragmentos de imagens é de 482 × 450 píxeis).

1.6. Vantagens do sistema proposto

- Este artigo propõe uma estrutura CADe programada que utiliza destaques de superfície próximos e discretos para reconhecimento de massa mamográfica.
- Este quadro secciona alguns locais quadrados versáteis de intriga (ROIs) para territórios suspeitos.
- Esta investigação propõe igualmente duas estratégias complexas de extração de componentes à luz da rede de co-eventos e da alteração da espessura ótica para retratar os atributos da superfície da vizinhança e a apropriação fotométrica discreta de cada roust.
- Exame por etapas, com segregação direta, para agrupar áreas invulgares, escolhendo e classificando a execução individual de cada elemento.

1.7. Requisitos de software e hardware

Especificações de hardware

- Processador : Família Intel

- Disco rígido: 750 GB.
- Dispositivos de entrada : Teclado, Rato
- Ram : 2GB

Especificações do software

- Sistema operativo : Windows 7
- Linguagem de codificação : MATLAB
- Ferramenta de implementação: Net beans 7.4

1.8. Ambiente de software

1.8.1 Processamento de imagens

A preparação informatizada de imagens, o controlo de imagens por PC, é geralmente uma melhoria tardia no que diz respeito ao interesse antiquado do homem pelo visual. Na sua curta história, tem estado ligado, para todos os efeitos, a todos os tipos de imagens com um nível de progresso flutuante. O interesse subjetivo inato das apresentações pictóricas atrai talvez uma medida desequilibrada de consideração por parte dos investigadores e, além disso, dos leigos. A preparação de imagens computorizadas, tal como outros campos de encanto, experimenta mitos, partículas de interface erradas, mal-entendidos e dados errados. É um tremendo guarda-chuva sob o qual se enquadram diferentes partes da ótica, gadgets, aritmética, ilustrações fotográficas e inovação em PC. Trata-se de uma tentativa realmente multidisciplinar sulcada por uma linguagem incerta. Alguns factores consolidam-se para demonstrar um futuro enérgico para a preparação avançada de imagens. Um ponto central é o declínio das despesas com hardware de PC. Alguns novos padrões mecânicos garantem o avanço adicional do tratamento computorizado de imagens. Estes incorporam o modo de preparação paralela de senso comum por chip de esforço mínimo e a utilização de dispositivos de carga acoplada (CCDs) para digitalização, armazenamento em meio ao manuseio e exibição e grande facilidade de exibição de armazenamento de imagens.

- Imagem

Uma imagem é uma imagem bidimensional, que tem uma aparência comparativa com um objeto, geralmente uma questão física ou um homem. A imagem é bidimensional, por exemplo, uma fotografia, um ecrã e, além disso, tridimensional, por exemplo, uma estátua. Podem ser captadas por aparelhos ópticos, por exemplo, câmaras, espelhos, pontos focais, telescópios, instrumentos de ampliação, etc., e por artigos caraterísticos e maravilhas, por exemplo, o olho humano ou superfícies de água. A palavra imagem é igualmente utilizada como parte do sentido mais lato de qualquer figura bidimensional, por exemplo, um guia, um esboço, um diagrama de tarte ou uma pintura única. Neste sentido mais lato, as imagens podem igualmente ser representadas fisicamente, por exemplo, através de desenho, pintura, recorte e, consequentemente, através da impressão ou da inovação dos desenhos para PC.

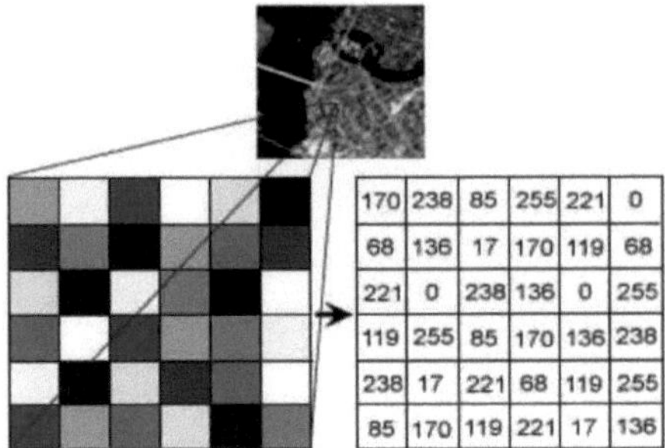

Figura 1.2 Píxel de imagem

Uma imagem é uma rede retangular de pixels. Tem uma estatura distinta e uma largura inconfundível, contada em pixéis. Cada pixel é quadrado e tem um tamanho definido num determinado ecrã. No entanto, os ecrãs de PC extraordinários podem utilizar pixéis estimados distintos. Os pixels que constituem uma imagem são solicitados como uma rede (secções e linhas); cada pixel é composto por números que falam de extensões de brilho e sombreamento.

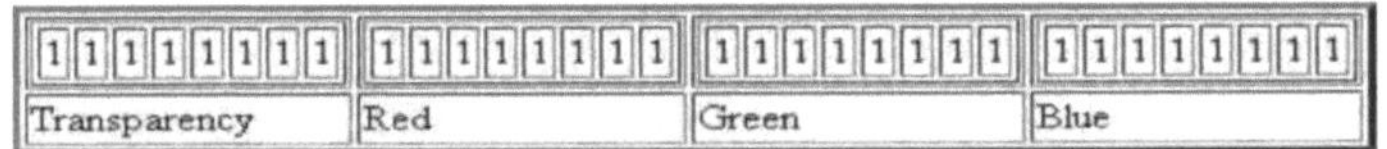

Figura 1.3 Imagem de transparência

- **JPEG/JFIF**

O JPEG é uma técnica de pressão. As imagens em JPEG são normalmente guardadas no registo JFIF. A pressão JPEG é uma pressão com perdas. Quase todas as câmaras computorizadas podem guardar imagens na organização JPEG/JFIF, que suporta 8 bits para cada tonalidade (vermelho, verde, azul) para uma adição de 24 bits, fornecendo documentos moderadamente pequenos. As imagens fotográficas podem ser melhor guardadas numa organização não JPEG sem perdas, na eventualidade de serem alteradas novamente, ou se pequenas "curiosidades" não forem adequadas. A organização JPEG/JFIF é igualmente utilizada como cálculo da pressão da imagem em vários documentos Adobe PDF.

- **PNG**

O registo PNG (Portable Network Graphics). O documento PNG é o suporte da natureza real (16 milhões de matizes), enquanto o GIF possui apenas 256 matizes. O registo PNG excede as expectativas quando a imagem tem regiões extensas e consistentemente coloridas. O design PNG sem perdas é mais apropriado para alterar imagens, e os arranjos com perdas, como JPG, são melhores para o último transporte de imagens fotográficas, com o fundamento de que os documentos JPG são mais pequenos do que os registos PNG. PNG, um design de registro extensível para o armazenamento sem perdas, conveniente e muito embalado de imagens raster. PNG dá uma substituição sans patente para GIF e pode igualmente suplantar numerosos empregos normais de TIFF. As imagens de sombreamento gravado, escala de cinzentos e natureza genuína são mantidas, para além de um canal alfa discricionário. O PNG destina-se a funcionar admiravelmente em aplicações de pesquisa baseadas na Web, por exemplo, a World Wide Web. O PNG é robusto, proporcionando uma verificação completa da fiabilidade dos registos e uma localização direta de erros básicos de transmissão.

- GIF

O GIF (Graphics Interchange Format) está a declarar a paleta de 256 cores ou 8 bits. Isto faz com que o formato GIF seja razoável para guardar ilustrações com poucos matizes, por exemplo, gráficos básicos, formas, logótipos e imagens de estilo tonelada. A organização GIF sustenta a vivacidade e continua a ser largamente utilizada para dar impacto à atividade da imagem. Do mesmo modo, utiliza uma pressão sem perdas que é mais bem sucedida quando intervalos substanciais têm um sombreado solitário e insuficiente para imagens ponto a ponto ou imagens dithered.

1.8.2Segmentação

Os sistemas de divisão distribuem a imagem em seus desafios ou em suas partes constituintes. No ponto em que tudo é dito em feito, a divisão autônoma é um campeão entre os esforços mais problemáticos na tomada de imagem automatizada. Uma técnica de divisão extrema traz a estratégia para um curso de ação produtivo de questões de imagem que antecipam que as coisas serão percebidas de forma autônoma.

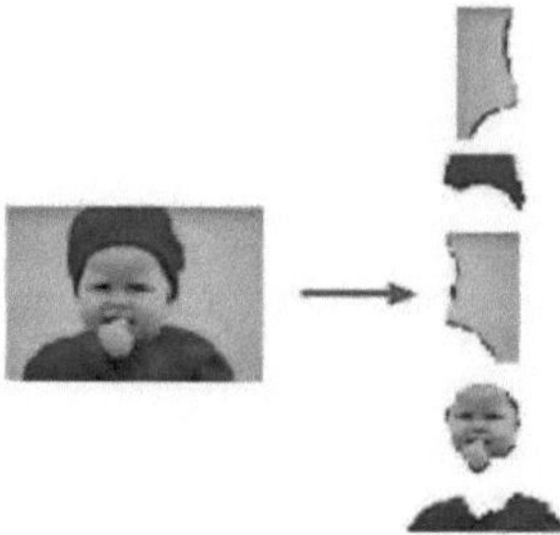

Figura 1.4 Segmentação de imagens

1.8.3 Base de dados de conhecimento

A aprendizagem sobre uma área problemática é codificada na estrutura de tratamento de imagens como uma base de dados de informação. Esta aprendizagem pode ser tão simples como especificar os locais de uma imagem quando se sabe que os dados dos prémios podem ser encontrados, limitando assim o inquérito que deve ser conduzido na procura desses dados. A estrutura deve ser enriquecida com a informação para perceber a essencialidade da área da cadeia como para diferentes segmentos de um campo de endereço. Esta informação permite o funcionamento de cada módulo, bem como ajuda

em operações de crítica entre módulos através da base de aprendizagem. Executámos sistemas de pré-processamento utilizando o MATLAB.

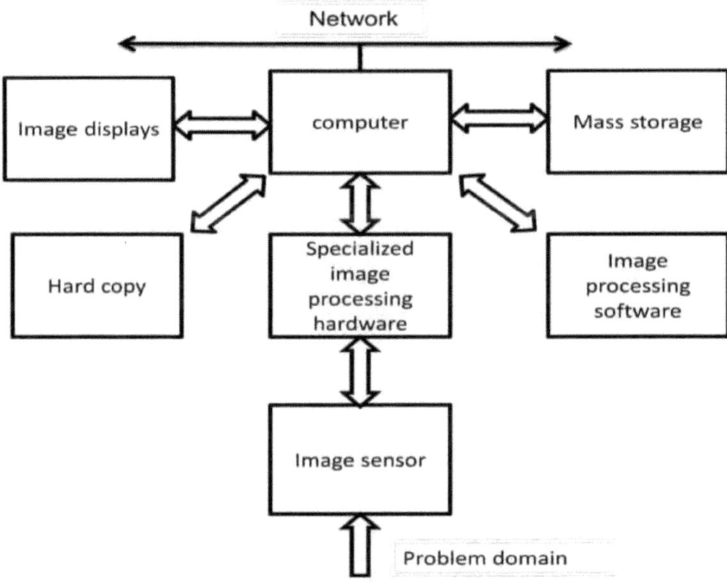

Figura 1.5 Componente do processamento de imagens

1.9. Software de processamento de imagens

A programação para o planeamento de imagens inclui módulos específicos que realizam tarefas específicas. Além disso, um pacote particularmente ilustrado consolida a capacidade do cliente de formar código que, como base, utiliza os módulos específicos. Os pacotes de programação mais alucinantes permitem a mistura desses módulos e ordens de programação abrangentes e úteis a partir de nada menos do que uma codificação.

Armazenamento em massa

O limite de acumulação de massa é uma necessidade verificável nas aplicações de preparação de imagens. Uma fotografia de tamanho 1024*1024 pixéis, em que a potência de cada pixel é uma soma de 8 bits e é necessário o armazenamento de um megabyte de espaço para armazenar a fotografia, não está compactada. Ao supervisionar milhares, ou mesmo milhões, de fotografias, o armazenamento adequado num sistema de tratamento de fotografias pode ser um teste. O limite impulsionado no que diz respeito ao tratamento de fotografias enquadra-se em três classes imperativas: (1) acumulação sem hesitação para utilização no meio do planeamento, (2) armazenamento em linha para uma pesquisa toleravelmente rápida e (3) limite crónico, representado por um acesso invulgar. O limite é medido em bytes (oito bits), Kbytes (mil bytes), Mbytes (um milhão de bytes), Gbytes (o que implica giga, ou mil milhões de bytes) e Tbytes (o que implica tera, ou um trilião)

Ecrãs de imagem

Os indicadores de imagem utilizados atualmente são essencialmente ecrãs de TV com sombreamento (de preferência de nível). Os ecrãs são impulsionados pelos rendimentos da imagem e os planos indicam cartões que são uma parte importante da estrutura do PC. Em alguns casos, existem elementos essenciais para aplicações de demonstração de imagens que não podem ser satisfeitos por placas de indicação abertas financeiramente como uma parte importante do sistema de PC. De tempos a tempos, é imperativo ter introduções estéreo, e estas são executadas como chapelaria contendo dois pequenos espectáculos introduzidos em óculos usados pelo cliente.

1.10. Visão geral do relatório

Na área de acompanhamento, é analisado o acontecimento social das reflexões subjacentes à alteração da tarefa. O capítulo 3, Metodologia, esclarece a organização da estrutura através de métodos para gráficos UML, os cálculos utilizados como parte dos módulos de itens e os próprios módulos de itens. O segmento 4, Implementação, trata da construção do sistema e do porquê da escolha desse plano, das APIs necessárias para aprovação. Na última parte, são analisados os resultados da aplicação e são apresentadas as pistas futuras para a atualização da estrutura.

CAPÍTULO 2 - INQUÉRITO BIBLIOGRÁFICO

ESTA LIQUIDAÇÃO APRESENTA A ESCRITA DE UMA AVALIAÇÃO SOBRE A IDENTIFICAÇÃO DE MC UTILIZANDO CIENTISTAS DO PASSADO.

A escrita oferece a substância de cada livro digital

[1] A fotografia de mamografia tem sido utilizada há muito tempo e muita investigação tem sido efectuada por especialistas que utilizam os primeiros cientistas. Eles utilizaram tipos de cálculo que se destacam para a conclusão programada de MC com ajuda de um computador. Zhang et al., 1994, construíram um plano de investigação apoiado por PC (CAD) para a descoberta de MCs agrupados em mamografias avançadas. Na sua observação, eles executaram um sistema neural invariante de movimento para eliminar reconhecimentos favoráveis falsos expressos por métodos para o gráfico CAD

[2] O sistema neural invariante de movimento é um grupo neural de proliferação posterior de múltiplas camadas com interconexões vizinhas e invariantes de movimento. A vantagem do sistema neural invariante de movimento é que o efeito posterior do sistema não é continuamente dependente das áreas dos Mcs agrupados dentro da camada de entrada. O grupo neural acaba por estar claramente preparado para encontrar cada Mc individual num determinado local de atividade de lazer (ROI) anunciado com o guia do conspiro CAD. Uma ROI foi designada como uma ROI agradável se o número total de Mcs reconhecidos dentro da ROI for mais notável do que uma gama específica. A execução do grupo neural invariante de deslocamento foi avaliada com o guia de uma abordagem de lâmina dobrável (ou holdout) e avaliação ROC o uso de um banco de dados de 168 ROIs, conforme detalhado pelo método para o conspirador CAD enquanto atualizado para 34 mamografias. A avaliação produziu um lugar médio sob a curva ROC (AZ) de zero. Noventa e um. Cerca de 55% das ROIs falsas de primeira qualidade foram eliminadas sem perda das ROIs finas corretas.

[3] . Strickland e Hahn, 1996, caracterizaram o facto de os cachos de Mcs granulares e invulgares nas mamografias poderem ser um sinal precoce de doença. Grãos singulares são difíceis de atropelar e seccionar devido à inconstância de comprimento e forma e à luz do fato de que a superfície da mamografia legada é regularmente não homogênea. Os criadores desenvolveram um método de 2 níveis à luz das mudanças de wavelet para reconhecer e dividir calcificações.

Os arranjos principais dependiam de uma reconstrução wavelet não-decimada, que é, na realidade, o uso tradicional do banco de saída sem inspeção para baixo, de modo que os subgrupos baixo-baixo (LL), baixo-alto (LH), alto-baixo (HL) e alto-inordenado (HH) permanecem na estimativa final. A identificação é efectuada em HH e na mistura LH+HL. Quatro oitavas foram calculadas com 2 vozes entre oitavas para uma melhor escolha de escala. Por decisão razoável do estabelecimento de wavelet, o reconhecimento de Mcs dentro da faixa de tamanho aplicável pode ser quase melhorado. Na verdade, os canais que transformam a foto de informação em HH e LH + HL estão quase conectados com canais coordenados de pré-brilho para reconhecer coisas gaussianas (Mcs admirados) em 2 tipos comuns de clamor de Markov (fundação). O segundo grau foi concebido para triunfar sobre os impedimentos da suposição gaussiana míope e deu uma divisão correta das restrições de calcificação. Os locais de píxeis identificados em HH e LH+HL são alargados e depois ponderados antes de registar a mudança de wavelet inversa. Os Mcs singulares são essencialmente actualizados na imagem de rendimento, ao ponto de o limiar justo transformado em concluído para os segmentar. As curvas FROG foram registadas a partir de verificações da utilização de uma base de dados aberta de mamografias digitalizadas

[4] . Gurcan et al., 1997, descreveram uma estratégia para distinguir Mcs em mamografias. Nesta abordagem, a fotografia da mamografia foi primeiro tratada por um método para um banco de filtros de deterioração de sub-banda. A imagem de sub-banda passou a ser isolada em territórios rectangulares, nos quais a assimetria e a curtose, como medidas da assimetria e da rapidez do transporte, eram normais. O sistema de reconhecimento utilizou estes parâmetros. Um bairro com uma assimetria e uma curtose extremamente elevadas acabou por ser claramente definido como uma região de atividade de lazer. Os resultados da recreação demonstraram que a estratégia se tornou eficaz no reconhecimento de áreas com Mcs. Chen e Lee, 1997, apresentaram uma estratégia de avaliação de wavelets de multiresolução (MWA) e de sujeito irregular Gaussiano Markov não estacionário (GMRF) para a descoberta de Mcs com elevada precisão. As certezas progressivas da wavelet de multiresolução, juntamente com as realidades lógicas das fotografias extraídas da GMRF, constituem uma abordagem verde para o reconhecimento de Mcs. Uma visão de mundo bayesiana reconhecida por meio do cálculo do impulso de esperança (EM) foi além disso trazida para a identificação de caraterísticas ou divisão de regiões de massa registradas nas mamografias.

O poder da técnica é a utilização convincente dos insights lógicos bem definidos dentro das fotos consideradas. A adequação da abordagem foi analisada com algumas das fotografias mamográficas para as quais o cálculo da descoberta Mc executou uma afetividade (custo maravilhoso legítimo) de noventa e quatro% e uma especificidade (custo fraco válido) de 88%. Resultados impressionantemente exactos foram também obtidos para o cálculo da divisão. Da mesma forma, os resultados para cada um dos Mcs identificados e as regiões de massa fragmentada foram sobrepostos para um caso emocionante sob as estratégias transmitidas. Wang e Karayiannis, 1998, deram uma maneira de lidar com o reconhecimento de calcificações em escala miniaturizada em mamografias virtuais utilizando a desintegração de fotografia absolutamente sub-banda baseada em wavelet. Os Mcs aparecem em pequenos grupos de um par de píxeis com um poder profundamente desordenado em correlação com os seus pixéis vizinhos. Estas capacidades de imagem podem ser poupadas através da utilização de um dispositivo de reconhecimento que utiliza uma mudança de imagem adequada que pode limitar os atributos de sinal dentro do espaço genuíno e redesenhado. Dado que os Mcs se relacionam com segmentos de recorrência desnecessários da gama de fotos, a identificação dos Mcs transformou-se em concluída por um método para dividir os mamogramas em sub-bandas de recorrência únicas, sufocando a sub-banda de baixa recorrência e, desta forma, recriando o mamograma a partir das sub-bandas contendo apenas frequências intempestivas. As investigações preparatórias mostraram que, além disso, era necessário considerar o limite da decomposição da imagem de sub-banda baseada essencialmente em wavelet como um dispositivo para distinguir Mcs em mamografias virtuais.

Ted Wang e Nicolas Karayiannis, 1998, propuseram uma abordagem para distinguir os Mcs em mamografias computorizadas utilizando a deterioração de imagens de sub-banda baseada em wavelets. Os MCs aparecem em pequenos grupos de um par de pixéis com uma profundidade chocantemente elevada em correlação com os seus pixéis vizinhos. Estas capacidades fotográficas foram guardadas através de um dispositivo de identificação que utiliza um redesenho fotográfico adequado que pode confinar as qualidades da bandeira dentro da área única e da área de reconstrução. Dado que os Mcs se relacionam com os segmentos de recorrência superior da gama de fotografias, o reconhecimento dos Mcs.

[5] O progresso no sentido de ser realizado com o guia de decompor os mamogramas em sub-bandas de recorrência particulares, abafando a sub-banda de baixa recorrência e, finalmente, refazendo e contendo as altas frequências mais simples. Os testes preparatórios demonstraram que também se pretende examinar a capacidade da desintegração de imagens de sub-banda baseada em wavelets como um instrumento para reconhecer Mcs em mamografias virtuais.

Mossi e Albiol, 1999, afirmaram que a malignidade do seio é uma das razões dominantes para a morte entre todos os tumores em mulheres de idade moderada e mais estabelecidas, especificamente em áreas mundiais desenvolvidas, e a sua predominância está a aumentar. Uma vez que o início desta doença ainda não é percetível, a localização precoce é a forma extraordinária de diminuir a mortalidade da maioria dos tumores malignos do seio. Atualmente, a localização precoce é conseguida através de um método de mamografia. Os radiologistas procuram, sem sombra de dúvida, sinais e atributos caraterísticos do crescimento enquanto contrastam uma mamografia. Entre esses sinais e efeitos secundários está a proximidade de Mcs agrupados. Um Mc é um pequeno depósito de cálcio que se acumulou no tecido dentro do seio e que aparece como uma pequena mancha brilhante na mamografia. Devido à gigantesca quantidade de mamografias que um radiologista tem de ver, há várias pessoas que estão a desenvolver estruturas baseadas basicamente em estações de trabalho portáteis para serem utilizadas no local da doença. Os criadores propuseram uma abordagem para melhorar o reconhecimento automático de grupos de Mcs em mamografias. JongKookKim e Hyun Wouk Park, 1999, expressaram que os Mcs agrupados em mamografias de feixe X são um sinal crítico para a identificação precoce de malignidade do seio. Os métodos de investigação de superfície podem ser executados para encontrar Mcs agrupados em mamografias digitalizadas. Neste artigo, um olhar próximo às estratégias de investigação de superfície acabou melhorando visivelmente a situação da estratégia de confiança da área circundante, que foi proposta pelo método para os criadores, e técnicas regulares de avaliação de superfície, juntamente com a abordagem de confiança do estágio escuro espacial, a abordagem de intervalo de execução do estágio escuro e a abordagem de distinção do estágio escuro. As capacidades texturais separadas por meio dessas estratégias foram abusadas para agrupar regiões de atividade de lazer (ROI's) em ROI's soberbas contendo Mcs agrupados e ROI's terríveis contendo tecidos gerais. Um grupo neural de proliferação retornada de 3 camadas acabou sendo claramente utilizado como um classificador. Os resultados do sistema neural para as técnicas de avaliação da superfície foram avaliados através da utilização de um exame das qualidades de trabalho do beneficiário (ROC). A abordagem de confiança da área abrangente acaba por ser visivelmente melhor do que os sistemas de avaliação de superfície habituais no que diz respeito à exatidão da classe e à natureza multifacetada computacional.

Netsch et al., 1999, caracterizaram um reconhecimento mecanizado de Mcs em mamografias digitalizadas. A abordagem transformou-se em baseada principalmente na delineação da região de escala Laplaciana do melhor mamograma. Para começar, áreas concebíveis de MCs foram analisadas como máximos de vizinhança na imagem peneirada em diferentes escalas. Para cada achado, a escala e o exame adjacente transformados em esperados, constroem absolutamente em relação à reação Laplaciana significada como a assinatura do espaço de escala. Um achado é classificado como Mc se a avaliação prevista for mais notável do que um limite predefinido que se baseia na amplitude do achado. Foi demonstrado que a marca tem um topo de capacidade, revelando as capacidades fotográficas relacionadas. Esta altura pode ser escolhida de forma poderosa. A técnica fundamental acaba por ser definitivamente aventurada pelo pensamento da variedade factual da diferenciação imaginada, que é o produto final da capacidade de clamor confusa das mamografias. O estudo incidiu sobre 60 fotografias mamográficas digitalizadas. A maioria tinha sido fragmentada fisicamente com a orientação de radiologistas, antes do prólogo para a máquina de encomendas. As capacidades de resolução unitária e de multi-resolução foram determinadas utilizando a medida de separação em espiral das obstruções de massa. O poder de separação das capacidades de forma foi investigado através de um exame discriminado direto (LDA). O dispositivo de classe conectou uma métrica euclidiana simples para escolher o clube de estilo. O dispositivo acabou por experimentar o uso das metodologias de investigação simples e de exclusão. A máquina de caraterização, ao utilizar as capacidades de forma de resolução múltipla e de resolução unitária, levou a despesas de classificação de 83% e oitenta% para as estratégias de investigação inegáveis e de deixar uma de fora, separadamente. Na avaliação, enquanto os melhores destaques de forma de resolução unitária foram utilizados, as taxas de classe foram 72 e sessenta e oito% para as metodologias de investigação inegáveis e esquecidas, separadamente.

Raul Mata et al., 2000, expressaram que a localização de Mcs agrupados pode ajudar o radiologista a reconhecer precocemente a malignidade do seio. Os Mcs apresentam algumas qualidades essenciais, como o seu pequeno tamanho e a sua elevada iridescência. Deste modo, uma técnica CAD pode ser útil para evitar que sejam negligenciados. Neste trabalho, foi proposta uma investigação multiresolução, deteriorando a imagem através de um banco de canais passa-banda com o objetivo de que cada imagem de sub-banda acabe por tornar visivelmente óbvios apenas os pontos de interesse a uma determinada escala. A partir daí, cada uma das imagens será unida a uma última, de modo a obter uma imagem que contenha todos os pontos de interesse intrigantes na escala em que os Mcs têm tendência a aparecer. Uma vez obtida a imagem, é importante descobrir quais os pontos de interesse que reagem em conjunto com as microcalcificações. A investigação factual do histograma permite caraterizar as zonas indefesas de conter Mcs. Aplicando esses métodos de medição a toda a imagem e falando com os resultados num esquema 2-D, as áreas de Mcs aparecem inconfundivelmente discerníveis. Giuseppe Boccignone et al., 2000, descreveram que a localização do Mc é amplamente utilizada para a análise precoce de malignidade do seio. Em todo o caso, o exame visual da mamografia é uma tarefa desconcertante para os mestres radiologistas. Neste artigo, os criadores introduziram uma outra estratégia para a localização de Mcs em mamografias computorizadas com ajuda do PC. A localização foi efectuada na imagem alterada por wavelet. As calcificações foram isoladas da base através da utilização incorrecta da avaliação dos dados de Renyi nos diversos níveis de deterioração da mudança de wavelet. As análises foram realizadas num conjunto de dados padrão e de acesso livre e os resultados foram avaliados quanto a realizações tardias anunciadas na escrita. Songyang Yu e Ling Guan, 2000, expressaram que os grupos de Mcs nas mamografias são uma indicação precoce essencial de malignidade do seio. Os criadores apresentaram uma estrutura de análise auxiliada por PC (CAD) para a descoberta programada de Mcs agrupados em mamografias digitalizadas.

[6] . O quadro proposto é composto por dois avanços principais. Para começar, os potenciais píxeis Mc nas mamografias foram fragmentados utilizando destaques mistos compostos por destaques wavelet e destaques mensuráveis de nível escuro e nomeados em potenciais protestos Mc individuais pela sua disponibilidade espacial. O poder discriminatório destas caraterísticas foi analisado utilizando redes neurais de regressão geral através de métodos de seleção sequencial forward e

sequencial backward. Os classificadores utilizados nestas duas etapas foram redes neurais de alimentação multicamada. O método foi aplicado a uma base de dados de 40 mamografias (base de dados de Nijmegen) contendo 105 grupos de MCs. Foi utilizada uma curva de caraterísticas operacionais de resposta livre (FROC) para avaliar o desempenho. Os resultados mostraram que o sistema proposto apresentou um desempenho de deteção bastante satisfatório. Em particular, foi alcançada uma taxa média de deteção de 90% de verdadeiros positivos à custa de 0,5 falsos positivos por imagem quando foram utilizadas caraterísticas mistas na primeira etapa e 15 caraterísticas selecionadas pelo método de seleção sequencial para trás na segunda etapa. No entanto, é preciso ter cuidado ao interpretar os resultados, uma vez que as 20 amostras de treino também foram utilizadas na fase de teste. Inicialmente, uma representação multi-resolução da mamografia genuína foi adquirida utilizando uma secção reta na mudança de wavelet destacável - dimensional (2-D). Um arranjo de capacidades acabou por ser, nesse ponto, extraído em cada determinação dentro da pirâmide wavelet para cada pixel. Esta abordagem tende a resolver a questão de predeterminar a medida da área para a extração de marcas registadas para descrever coisas que podem aparecer em tamanhos únicos. A descoberta foi realizada a partir da escolha mais grosseira para a melhor escolha, a utilização de um classificador de árvore dupla. Esta abordagem zenital para baixo exigiu substancialmente menos cálculos por métodos para começar com uma medida mínima de registos e proliferar os resultados da descoberta para melhores resoluções. Os resultados dos testes utilizando a base de dados de imagens MIAS demonstraram que este cálculo se tornou apto para distinguir lesões espiculadas de tamanhos extremamente particulares com baixas citações positivas falsas. Papadopoulos et al., 2002, ofereceram uma máquina sensível de raça cruzada para o carácter de cachos Mc em mamografias avançadas. A estratégia proposta transformou-se principalmente à luz de uma forma de três fases: (a) pré-processamento e divisão, (b) zonas de intriga (ROI) particulares, e (c) extração de trabalho e classe.

[7] . A marcação de casos falsos positivos é refinada utilizando um dispositivo experiente que contém dois subsistemas: uma sub-máquina baseada em administração e uma sub-máquina de grupo neural. Na etapa inicial do esquema de classificação, 22 destaques foram naturalmente descobertos, o que alude tanto a Mcs singulares quanto a organizações deles. Além disso, o desconto dentro da variedade de componentes transformados em cumpridos através da investigação de componentes esmagadora (PCA). O procedimento proposto foi analisado utilizando as bases de dados mamográficas de Nijmegen e da Mammographic Image Analysis Society (MIAS). Os resultados foram exibidos com base na capacidade de trabalho do beneficiário (ROC). Em segundo lugar, Mcs singulares foram identificados utilizando um arranjo de 31 destaques removidos dos objetos Mc individuais potenciais.

[8] .execução geral e são medidos através da zona abaixo da curva ROC (Az). Especificamente, o custo A z para o conjunto de dados de Nijmegen é de 0,91 e para o MIAS é de zero. Noventa e dois. A especificidade de localização das duas unidades é de 1,80 e 1,15 falsos cachos finos num empreendimento com fotografia, a um nível de afetividade superior a 0,90, separadamente. Bagci e Cetin, 2002, forneceram uma rota para PC que ajudou a visualização de grupos Mc em fotos de mamografia. Os grupos Mc, que são um sinal precoce do crescimento do peito, aparecem como pontos brilhantes desconectados nas mamografias. Desta forma, são comparados com os máximos da vizinhança da imagem. Os máximos de área da fotografia acabaram por ser reconhecidos pela primeira vez e foram posicionados num empreendimento com um teste factual de pedido superior alcançado sobre as realidades do território de sub-banda.

Hong-Dun Lin et al., 2003, afirmaram que a identificação e investigação precoces da maioria dos tumores do seio, em particular, aumentará a taxa de sobrevivência. Espera-se que a mamografia computorizada permita que os especialistas em fotografia do peito detectem precocemente a maioria dos tumores malignos do peito. A antecipação exacta depende ainda do topo de gama da fotografia oferecida aos especialistas. O relógio tende para a mudança palatável da fotografia. Uma estratégia de peneiramento de sub-bandas baseada essencialmente em factos foi ligada para decorar a massa e a calcificação que apareciam dentro das mamografias avançadas, restringindo o clamor. A estratégia revela-se principalmente à luz da mudança de sub-banda devido à sua capacidade de deterioração e é composta por etapas: impedimento de comoção e atualização de limites. As proporções de complexidade e as reacções de recorrência são medidas para avaliar a execução geral da melhoria e o efeito de mutilação, separadamente, para aprovar a viabilidade da estratégia proposta. Ao avaliar a execução geral da melhoria das estratégias propostas e convencionais, uma foto de mamografia de aparição que incorpora Mcs mamográficos, órgão do peito e massa legitimamente englobada transformada em destinada ao teste de recreação. Para além disso, as mamografias genuínas com Mcs foram ainda completadas com a capacidade de melhoria proficiente por métodos para a estratégia proposta no artigo. Os resultados da observação demonstraram que a técnica proposta avançou a excelência da fotografia mais do que vários procedimentos de melhoria, conforme indicado por essas duas medidas. A diferença surge demonstrou que já não é mais fácil avançar com a fotografia de bom gosto, mas também com muito menos mutilação fotográfica.

Lemaur et al., 2003, propuseram um inconveniente de distinguir Mc agrupados em mamografias digitalizadas utilizando novas wavelets com uma lista de normalidade Sobolev elevada. Eles pesquisaram tentativamente a prevalência das novas wavelets recém-saídas do plástico durante o exame com as estabelecidas. Kristin McLoughlin et al., 2004, considerou que o ajuste da comoção fotográfica acabou visivelmente acabou sendo um passo básico dentro da descoberta robotizada de

Mcs na mamografia virtual. Seu exame atrasou um enredo de ajuste de comoção de tela de exibição de lm legitimamente capturado avançado com o guia de Veldkamp et al para o utilitário para pixel de mamografia computadorizado de assunto completo. Uma exibição básica de clamor é resolvida, construída absolutamente à luz da possibilidade de que a comoção quântica seja predominante na imagem de feixe x computadorizada coordenada. A estimativa da comoção como um elemento do estágio escuro é aprimorada através da verificação das informações de clamor na utilização de uma técnica de circulação truncada. O suporte de ensaio para a suspeita de comoção quântica é acomodado num conjunto de imagens de fantasmas em cunha. A execução da estratégia de nivelamento de clamor é igualmente tentada como um grau de pré-processamento para um enredo de localização Mc. Isso tem melhor execução geral de localização Mc, enquanto quando contrastado com a estratégia de ajuste de clamor lm-show progredida pela utilização de Veldkamp. Os impactos significativamente preferidos foram obtidos enquanto a noite de comoção é negligenciada. Uma base de dados de 124 fotografias de mamografias virtuais diretas contendo 28 grupos Mc foi utilizada para a avaliação da abordagem. Manzano-Lizcano et al., 2004, retrataram as mamografias como sendo a mais extrema das grandes alterações estimadas na doença do peito.

[9] . Neste artigo, uma estrutura de adivinhação suportada por tablet (CAD) foi oferecida pelos criadores. Para começar, a foto mamográfica transformou-se em mais atraente utilizando um exame de espaço de introdução principalmente em vista de uma reconstrução de contorno.

Nessa altura, foi calculada uma avaliação multi-resolução baseada absolutamente na mudança diádica da wavelet e nos máximos do módulo de reconstrução da wavelet, e a fotografia seguinte foi ordenada por métodos para uma estrutura de vectores-guia (SVM). Os resultados da execução são fornecidos.

Bocchi et al., 2004, afirmaram que as microcalcificações são frequentemente indícios precoces de tumor do seio. Seja como for, o seu reconhecimento é um teste visual problemático e a deteção de feridas nocivas é uma questão sintomática complexa. Ultimamente, algumas associações de exames têm estado a trabalhar para criar estruturas de previsão assistida por computador (CAD) para mamografia de feixe X. Neste artigo, propuseram uma abordagem para encontrar e organizar calcificações de menor escala. Para descobrir a proximidade de grupos de MC, é dado um prémio específico à avaliação da relação espacial das lesões reconhecidas. Foi utilizada uma variante fractal para representar a imagem mamográfica, permitindo assim a utilização de um nível de separação coordenado para decorar calcificações de menor escala em direção à base. Um conjunto de princípios de criação de regiões, combinado com um classificador neural, distingue as lesões existentes. Desta forma, é utilizada uma visualização fractal momentânea para investigar o seu curso de ação espacial, de modo a que a proximidade de grupos de calcificação em escala miniaturizada possa ser reconhecida e nomeada. Ju Cheng Yang et al., 2004, propuseram uma estratégia de observação para identificar Mcs em mamografias virtuais utilizando wavelets. Os Mcs são indícios precoces da maioria das doenças do seio que aparecem como manchas cintilantes desconexas nas mamografias, mas podem ser difíceis de encontrar devido ao seu pequeno tamanho (0,05 a não menos de um mm de largura). Do ponto de vista do tratamento dos sinais, os Mcs são substâncias adicionais de elevada recorrência nas mamografias. Para melhorar a execução geral da descoberta dos Mcs dentro das mamografias, utilizaram o ajuste de wavelet. Devido à capacidade de deterioração de multideterminação da mudança de wavelet, eles decompuseram a imagem em estágios de escolha excepcionais que podem ser delicados para grupos de recorrência de elite. Ao escolherem a wavelet exacta com um grau de escolha apropriado, identificaram praticamente os Mcs na mamografia virtual. Neste trabalho, foram consideradas de forma semelhante várias capacidades consistentes de wavelet hover of relatives e, para cada wavelet highlight, são investigados níveis de escolha invulgares para reconhecer os Mcs. Os resultados dos ensaios demonstraram que a wavelet de Daubechies com decaimento de quarto nível desempenhou o efeito posterior de identificação fina de 95% de taxa TP com carga FP de zero. Três cachos para cada fotografia. Wan e Baiku, 2005, examinaram a máquina de vectores de apoio (SVM)

[10] um novo procedimento de aprendizagem mensurável e fresco. Em contraste com os procedimentos de acing de máquina estabelecidos, a disciplina de aprendizagem SVM é diminuir o perigo básico em inclinação para o perigo experimental das técnicas tradicionais, e oferece melhor execução geral generativa. Uma vez que o conjunto de princípios SVM é um inconveniente de melhoria quadrática elevada, a resposta mais sólida da área é basicamente a mais segura a nível mundial.

Neste artigo, um cálculo SVM transformado em conectado para percorrer as calcificações de pequena escala (MCCs) em mamografias para o diagnóstico do crescimento do seio que agora não foi especificado, mas sim. Foi analisado com 10 mamografias e os impactos demonstraram que o cálculo pode realizar um valor certificado superior em correlação com o sistema neural fabricado fundamentalmente à luz da minimização exacta do perigo, e é valioso para investigar adicionalmente e nitidez na construção medicinal. Ju Cheng Yang et al., 2005, expressou que Mcs em fotos de mamografia virtual pode ser uma indicação precoce de tumores de seio em geral. Pode ser difícil, em qualquer caso, encontrar todos os Mcs devido ao facto de aparecerem como pontos um pouco mais brilhantes do que as suas experiências. Neste artigo, uma abordagem nova e brilhante é proposta para descobrir fortemente todos os Mcs, a utilização de canais morfológicos de passagem de banda. Os canais de passagem de banda morfológicos, cada um com dois excelentes factores de organização, são ajustados para isolar partes de recorrência de Mcs neste método. Os testes realizados demonstraram que a estratégia proposta com canais passa-banda pode percecionar Mcs com uma permeabilidade superior e posições e tamanhos mais corretos, em comparação com a famosa técnica de ajuste de wavelets. Sheshadri e Kandaswamy, 2005, expressaram que representar um lugar é avaliar o seu conteúdo de forma. Neste trabalho, a utilização de componentes para registar a superfície, tendo em conta as medidas factuais, acaba por ser claramente apoiada pelos criadores. O conjunto de princípios MPM (Maximize of the back edges) acaba por ser notoriamente empregue. A divisão em vista da marca de superfície pode caraterizar o tecido do seio em diferentes classes. O cálculo avaliou as habitações de alcance da foto da mamografia e, desta forma, ordenaria a fotografia em fragmentos essenciais. Foram consideradas imagens de bases de dados de registos MIAS (Mammogram Image Analysis Society database (UK)) mais pequenas do que o habitual para realizar os seus testes. A divisão assim obtida tornou-se moderadamente mais elevada do que as outras técnicas padrão. A aprovação do trabalho foi efectuada por métodos de investigação visual da imagem repartida com a orientação de um radiologista especializado. Este é o passo essencial para a construção de uma máquina portátil de reconhecimento apoiado por PC (CAD) para a localização precoce de doenças do peito. Ho Kyung Kang et al., 2006, afirmaram que o Mc é uma peça básica para a localização precoce de doenças do peito. Neste artigo, os criadores propuseram um cálculo de reconhecimento de MC utilizando uma melhoria versátil da avaliação numa máquina CAD de mamografia. O conjunto de normas proposto para a descoberta de Mc incorpora dois componentes. Um é a melhoria versátil da diferença, os parâmetros de peneiramento são resolvidos de forma absoluta à luz das caraterísticas de comoção da mamografia. O outro é a identificação Mc a vários níveis. Os resultados demonstraram que o cálculo de localização Mc proposto é partes mais notáveis fortes para situações turbulentas flutuantes. Hernandez-Cisneros et al., 2006, expressaram que a doença do peito é uma das principais razões de queda nas mulheres e que o exame precoce é uma forma essencial de diminuir a taxa de mortalidade. A proximidade dos grupos Mc é a indicação número um do início de tipos nocivos da maioria dos tumores do seio e a sua descoberta é fundamental para poupar o tumulto. Este artigo propõe uma forma de ordenar os grupos Mc nas mamografias através da utilização de sucessivos.

CAPÍTULO 3 - METODOLOGIA

A deteção de tumores em imagens de mamografia é dividida em três fases.

A fase 1 inclui a atualização da imagem, a fase 2 inclui a divisão do tumor e a fase 3 inclui a extração do elemento. O clamor é evacuado utilizando a técnica de expulsão de comoção de pontos. A área do tumor é segmentada utilizando o método GLCM modificado e operações binárias. Finalmente, as caraterísticas da área do tumor são extraídas utilizando o extrator de caraterísticas GLCM e são utilizadas para medir as propriedades das imagens. A correlação potencial entre a topologia dos grupos de microcalcificações e o seu tipo patológico. Construímos uma série de gráficos de microcalcificações para descrever a estrutura topológica dos grupos de microcalcificações a diferentes escalas. Um conjunto de caraterísticas teóricas de grafos é extraído destes grafos para modelar e classificar os grupos de microcalcificações. A metodologia proposta consiste em quatro fases principais: estimar a conetividade entre as microcalcificações de um aglomerado utilizando a dilatação morfológica (uma das operações básicas da morfologia matemática) a várias escalas; gerar um gráfico de microcalcificações em cada escala com base na relação de conetividade espacial entre as microcalcificações; extrair caraterísticas topológicas multiestágio destes gráficos de microcalcificações; e utilizar as caraterísticas extraídas para construir modelos de classificação de aglomerados de microcalcificações malignas e benignas. O enquadramento da nossa metodologia é o trabalho de desenvolvimento da análise de imagens.

1. Estimativa da conetividade utilizando a dilatação morfológica.
2. Geração de gráficos de microcalcificações.
3. Classificação dos grupos de microcalcificação.

As imagens mamográficas com massas e microcalcificações são normalmente pequenas e têm pouco contraste, o que dificulta a deteção das anomalias. O bloco de pré-processamento envolve o melhoramento da imagem, a remoção de ruídos, vasos sanguíneos e tecidos glandulares que se tornam a causa de muitos falsos positivos durante a fase de deteção. O ajuste de contraste foi aplicado primeiro para ajustar o contraste da mamografia, escalando linearmente os valores de pixel entre os limites superior e inferior. Os valores de pixéis que se encontram neste intervalo são saturados para o valor do limite superior ou inferior, respetivamente.

ARQUITECTURA DO SISTEMA:

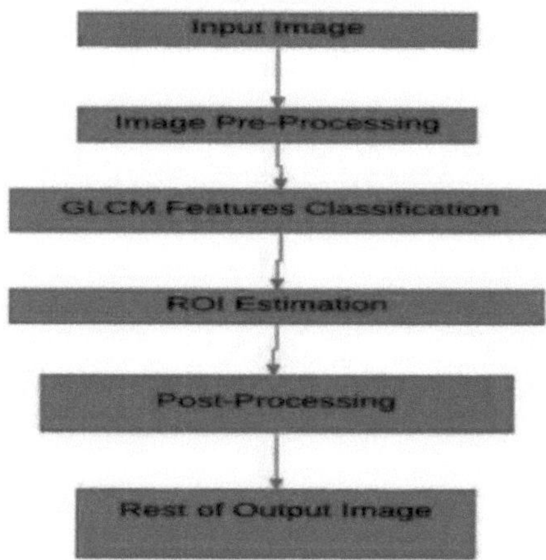

Figura 3.1 Arquitetura do sistema

3.1.1. Caraterística de textura do GLCM

Propõe a classificação de imagens normais e anormais de mamografias digitais. O método utilizado neste trabalho foi a matriz de coocorrência de nível de cinzento (GLCM), método clássico de classificação de padrões numa imagem. Neste método GLCM, as caraterísticas foram modeladas como uma matriz bidimensional de nível cinzento. As caraterísticas estatísticas analisadas neste método GLCM foram utilizadas com êxito para a segmentação de uma imagem. Este método é preciso na deteção do cancro da mama, mas tem a desvantagem de não ser possível extrair pequenos elementos dos detalhes de uma determinada imagem, em especial da região de interesse (ROI), utilizando a matriz GLCM. Embora o GLCM seja um método de extração antigo, atualmente é utilizado em combinação com outros métodos. Por conseguinte, os requisitos deste modelo podem ser avançados nos modelos seguintes. O trabalho de classificação neste modelo foi efectuado utilizando um classificador de rede neural baseado em medidas estatísticas. As redes neuronais contêm x entradas, y unidades ocultas e uma unidade de saída. As caraterísticas extraídas dos parâmetros estatísticos são introduzidas como entradas nestas redes neuronais, que têm um conjunto ligado de unidades de entrada e de saída para cada peso atribuído. Dependendo da exatidão dos dados de treino, este método de classificação pode ser executado aproximadamente. Foram calculadas cinco caraterísticas estatísticas utilizando este modelo, tais como a correlação, a energia, a homogeneidade, a soma da variância quadrada e a entropia.

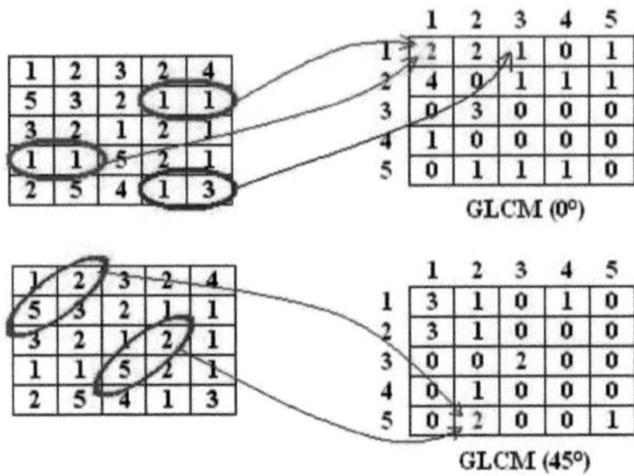

Figura 3.2 Estrutura GLCM

3.1.2. ESTIMATIVA DE ROI

Neste artigo, um olhar atento sobre os sistemas de exame de superfície acabou por melhorar reconhecidamente a circunstância da metodologia de dependência do território envolvente, que foi proposta pela estratégia para os fabricantes, e estratégias habituais de avaliação de superfície, juntamente com a abordagem de dependência de organização espacial decrescente, a abordagem de corrida transversal de estágio escuro e a abordagem de refinamento de arranjo decrescente. Os limites texturais isolados por métodos para essas metodologias foram maltratados para acumular distritos de ação de recreação (ROIs) em grandes ROIs contendo Mcs embalados e ROIs horríveis contendo tecidos gerais. Uma recolha neural de multiplicação de 3 camadas acabou por ser obviamente utilizada como classificador. Os resultados da estrutura neural para os procedimentos de avaliação da superfície foram analisados através de um exame das qualidades de trabalho do recetor (ROC). A abordagem de dependência de região envolvente torce-se observavelmente acabou por ser superior a qualquer coisa que as estruturas de avaliação de superfície padrão no que diz respeito à precisão de classe e natureza multifacetada computacional.

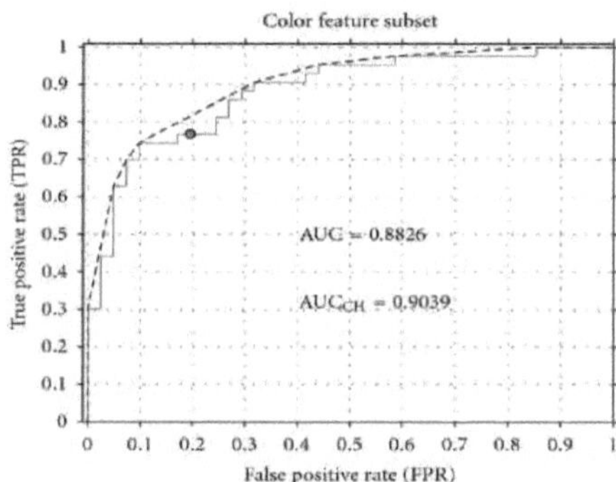

Figura 3.3 Estrutura da ROI

3.1.3. Processamento posterior

Nesta fase, a imagem de mamografia pré-processada é isolada em pixels de pequenos pedaços de 2x2, após o que todas as estimativas de pixels do quadrado são examinadas e a estima incluindo o evento mais extremo dentro do quadrado é atribuída a todos os pixels desse quadrado, ou seja, esta estima é proliferada para pixels residuais desse quadrado. Isto implica que agora todos os pixéis do quadrado têm uma estimativa semelhante.

O principal objetivo do pré-tratamento é melhorar a qualidade da imagem para influenciá-la a preparar-se para uma preparação adicional, evacuando ou diminuindo as partes inconsequentes e excedentes fora da vista das imagens de mamografia. As mamografias são imagens terapêuticas que são difíceis de traduzir. Por conseguinte, o pré-tratamento é fundamental para melhorar a qualidade. Este preparará a mamografia para os dois processos seguintes de divisão e extração de realces. Os segmentos de clamor e de alta recorrência são evacuados por canais.

As imagens mamográficas com calcificações e massas em escala miniaturizada são geralmente pequenas e de baixa complexidade, o que torna as irregularidades difíceis de reconhecer. O quadrado de pré-processamento inclui a atualização da imagem, a expulsão de comoções, veias e tecidos glandulares, que se tornam uma razão para alguns falsos positivos durante o processo de descoberta. A mamografia contendo uma massa em vista mediolateral inclinada (MLO) e a estratégia de pré-preparação estão representadas abaixo. A modificação da diferença foi primeiramente ligada para alterar a diferenciação da mamografia, escalando diretamente as estimativas de pixels entre os limites superior e inferior. As estimativas de pixéis que se encontram neste intervalo são imersas na estimativa de restrição superior ou inferior, separadamente.

3.2. Diagramas UML

SOBRE OS DIAGRAMAS UML

A UML é conhecida como Linguagem de Modelação Unificada. No domínio da redação de questionários, a UML é caracterizada como um dialeto de apresentação institucionalizado e amplamente útil. O padrão é completamente monitorizado pelo Object Management Group. O objetivo da UML é torcer obviamente uma linguagem regular, lembrando o verdadeiro objetivo de fazer modelos para a programação organizada de PCs dissidentes. Por norma, a UML inclui dois segmentos consideráveis. Eles são a exibição de metadados e a documentação. Mais tarde, um procedimento ou técnica diferente é adicionado à UML. A Linguagem de Modelagem Unificada é conhecida como um dialeto padrão para determinar, construir, visualizar e relatar as raridades antigas da estrutura de programação, e também para estruturas de exibição de negócios e não-codificação. A Linguagem de Modelação Unificada irá falar de um conjunto de melhores práticas de construção que se demonstraram eficazes se surgir uma ocorrência de apresentação de estruturas essenciais e complexas. A Linguagem de Modificação Unificada assume um papel essencial na criação de programação orientada para objectos e, além disso, no processo de desenvolvimento. Tipicamente, a UML tem ajuda de representação gráfica tendo em mente o objetivo final de expressar o esboço de empreendimentos de codificação.

OBJECTIVOS

- A UML é autónoma em relação ao processo de avanço e aos dialectos de programação específicos. A UML fornece uma premissa formal com um objetivo final específico para compreender o dialeto de demonstração.

- UML Fornecer instrumentos de especialização e de extensibilidade de modo a expandir o centro Ideias.

Identificação do ator

Ator: O ator é o utilizador a quem são atribuídas funções específicas, mas que tem uma regulamentação limitada dos casos de utilização no ambiente global.

Representação gráfica:

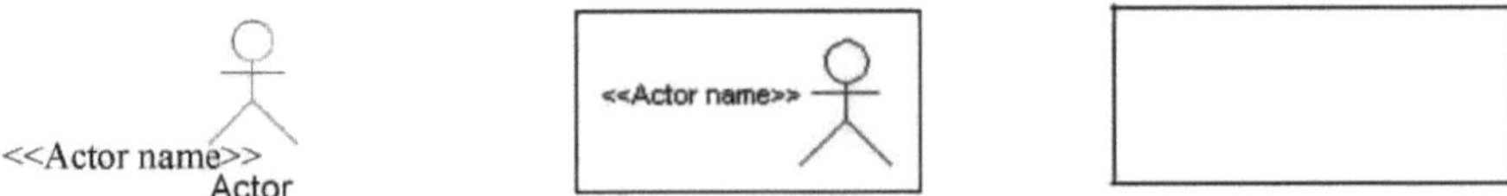

Um ator é aquele que:

- Faz interação com outros ou com o sistema
- O ator fornece um input e obtém dados sob a forma de output.
- O ator não está relacionado com o utilizador e não tem qualquer controlo sobre ele.

A forma como se identifica um ator é através da colocação das seguintes questões e exames

- Quem está a utilizar o sistema?
- Quem é a autoridade competente para a manutenção do sistema?
- O hardware que é utilizado.
- Detalhes de outros sistemas que interagem com o hardware do utilizador.

As questões que se colocam para identificar os actores são as seguintes:

- Quem é a pessoa que acede ao sistema? Por quem o sistema é afetado? Ou os grupos que solicitam ao utilizador a execução de tarefas?
- Quais são os grupos necessários para que o sistema desempenhe as suas funções? Quem é a autoridade que afecta o sistema? As administrações têm competência para gerir as funções primárias e secundárias.
- Qual é o hardware utilizado pelo sistema?
- Quais são os problemas que a aplicação aborda?
- O que é que o utilizador pretende fazer com o sistema?

Vários autores que são identificados pelo sistema são:

a. Administrador do sistema

b. Atendimento ao cliente

c. O cliente

Identificar os casos de utilização

A forma como o sistema é utilizado pelo utilizador é o caso de utilização. Este explica os requisitos do utilizador para utilizar o sistema.

Representação gráfica

É dada uma explicação pormenorizada para descrever o caso de utilização:

- O padrão de comportamento do sistema.
- Os detalhes das transacções que ocorrem entre o sistema e o utilizador.
- Fornecer informações valiosas ao utilizador

Solicitações de casos de uso

- Compreender as necessidades do sistema.
- Estabelecer a comunicação
- Teste do sistema

A identificação do caso de utilização depende da interação dos actores com o sistema e do que o ator faz com o sistema.

A melhor forma de descobrir os casos de utilização é examinar os actores e definir o que o ator poderá fazer com o sistema.

Regulamentos para identificar casos de utilização

- Cada ator no ambiente tem uma funcionalidade diferente que tem de ser identificada. O requisito aqui é identificar essa atividade do utilizador. A interação e um padrão regular de interação devem ser identificados para compreender os casos de utilização.
- Nomeação de casos de utilização
- Explicar de forma incisiva os casos de utilização.

Se o procedimento especificado for seguido, as ambiguidades serão atenuadas.

As questões a colocar para identificar casos de utilização

- Que tarefas devem ser executadas por cada ator?
- Existe algum ator presente no sistema que possa criar, alterar, ler ou armazenar a informação?
- Quais são as informações que o caso de utilização armazena ou remove?
- Existe algum requisito para que os intervenientes informem sobre as alterações externas, caso tenham ocorrido no sistema?
- Existe algum requisito para informar o ator sobre as alterações no sistema?
- Que casos de utilização suportarão o sistema?

Fluxo de eventos

É uma sequência de operações que são tratadas pelo sistema. Consiste em pormenores sobre o que deve ser feito, em formato escrito. Não descreve a forma como o sistema tem de completar a tarefa. O editor de texto é utilizado para criar este fluxo de eventos em ficheiros e documentos discretos. Estes são depois anexados ao caso de utilização.

Os componentes que engloba são:

- Quando é que começa e quando é que acaba.
- Interação do caso de utilização.
- A sequência regular das transacções.
- Quaisquer outros fluxos alternativos, se disponíveis.

3.2.1. Diagrama de classes

Se houver uma ocorrência de construção de programação, um esboço de classe é uma forma de identificar o gráfico de estrutura estática que descreve a estrutura do quadro, demonstrando as classes, as operações, o seu comportamento e a relação entre as classes, que estão disponíveis na linguagem de modelação unificada. Esclarece igualmente qual a classe que conterá os dados.

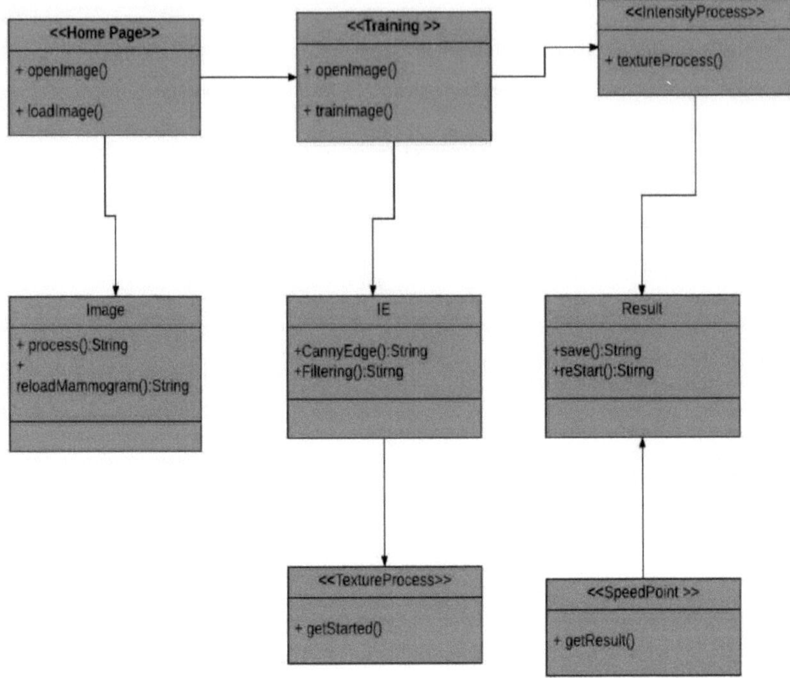

Figura 3.4 Diagrama de classes

3.2.2. Diagrama de casos de utilização

Este é o gráfico de casos de utilização que inclui o sensor, o cliente e o servidor como artistas. Temos a disposição dos casos de utilização entre os artistas.

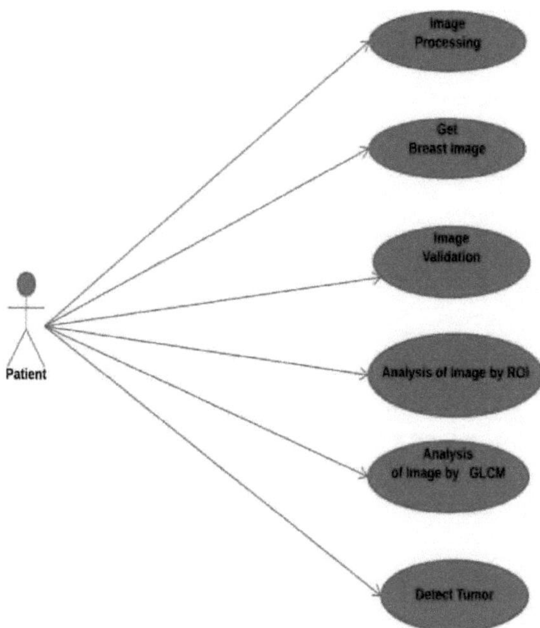

Figura 3.5 Diagramas de casos de utilização

3.2.3. Diagrama de actividades

Os diagramas de actividades são também designados por representação gráfica dos processos de trabalho das actividades e dos exercícios por etapas com a ajuda de decisão, simultaneamente e ênfase, assim introduzidos na UML.

Se surgir uma ocorrência de UML, os movimentos de gráficos serão utilizados para retratar os processos de trabalho ordenados operacionalmente e de negócios das partes expostas numa estrutura.

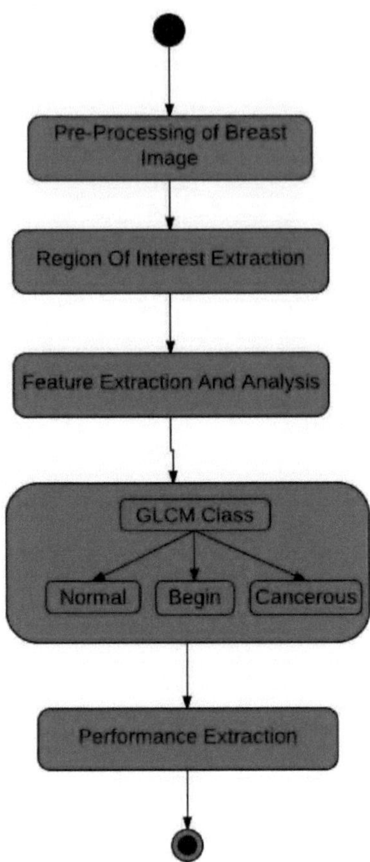

Figura 3.6 Diagrama de actividades

3.2.4. Diagrama de sequência

Um Diagrama de Sequência na Linguagem de Modelação Unificada (UML) é uma espécie de gráfico de comunicação que mostra como os formulários funcionam uns com os outros e em que disposição. É um desenvolvimento de um Gráfico de sequência de mensagens. Os gráficos de agrupamento são frequentemente designados por diagramas de ocasiões, situações de ocasiões e esquemas de temporização.

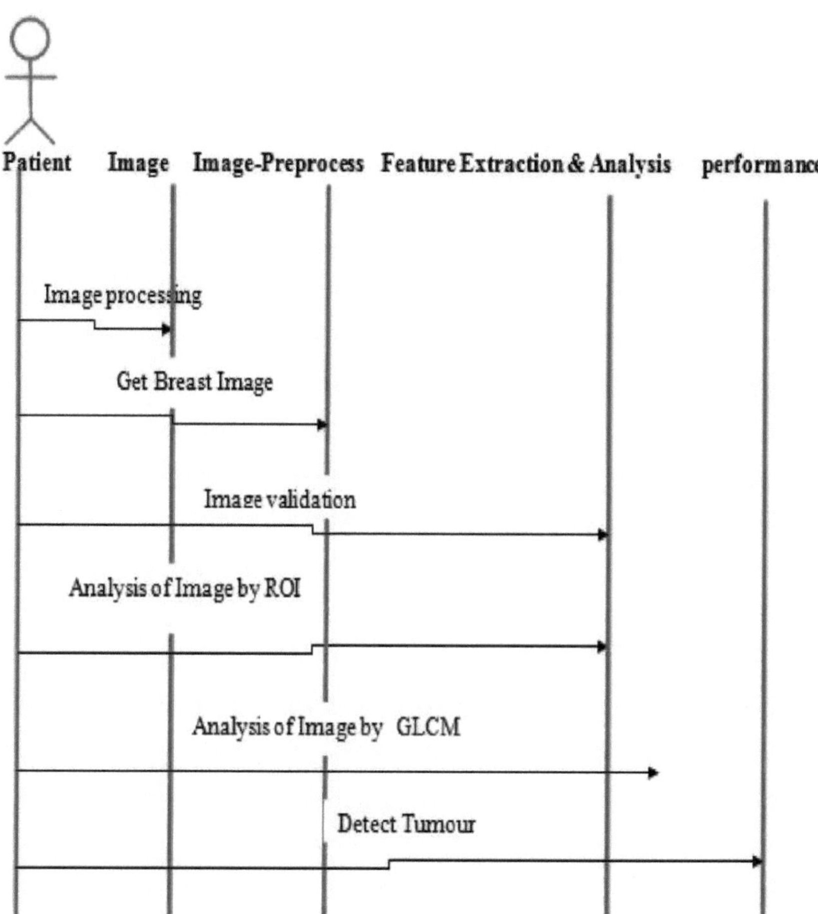

Figura 3.7 Diagrama de sequência

Fluxo de dados do sistema

O fluxo do planeamento do Cancro da Mama do surgimento dos dados através de um sistema de informação, mostrando as suas perspectivas estratégicas, o que faz uma planta da estrutura, que pode ser clarificada mais tarde. O fluxo de dados do sistema é apresentado de seguida:

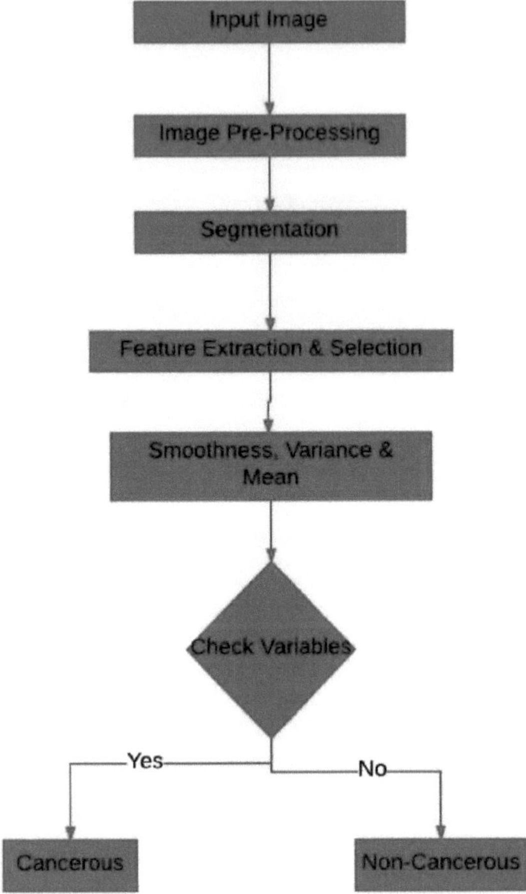

Figura 3.8 Diagrama de fluxo de dados

3.3 Introdução ao MATLAB

O MATLAB é um vernáculo de topo para a elaboração de listas específicas. Organiza a estimativa, a representação e a programação numa condição fácil de utilizar, em que as questões e os cursos de ação são transmitidos em documentação lógica caraterística. As utilizações regulares incluem:

Matemática e estimativa

Alteração do algoritmo

Proteção de dados

Modelação, multiplicação e criação de protótipos

Análise, exame e observação dos dados

Esboços científicos e de construção

Alteração da aplicação, incluindo a criação de uma interface gráfica de utilizador

O MATLAB é uma estrutura instintiva cuja parte central de dados é um programa que não necessita de ser dimensionado. Isto permite-lhe lidar com várias questões específicas de alistamento, especialmente as que se referem a sistemas e desenhos vectoriais, num curto espaço de tempo em relação ao tempo que levaria a fazer um programa numa língua não instintiva escalar, por exemplo, C ou FORTRAN. O nome MATLAB mantém-se para a grelha de análise em foco. O MATLAB foi inicialmente concebido para dar acesso básico à programação em grelha feita pelos motores LINPACK e EISPACK. Atualmente, os motores MATLAB juntam-se às bibliotecas LAPACK e BLAS, constituindo a linha da frente da programação para a estimativa de redes.

O MATLAB foi criado ao longo de um período de anos com o empenho de vários clientes. Nas circunstâncias escolares, é o dispositivo de instrução padrão para cursos de matemática, construção e ciências. Na indústria, o MATLAB é o instrumento de eleição para investigação, alterações e exames de elevada competência.

O MATLAB apresenta uma coleção de planos de jogo adicionais específicos de aplicações denominados instrument stash. Imperativo para a maioria das ocupações do MATLAB, o stock de dispositivos permite-lhe aprender e aplicar um desenvolvimento específico. Os compartimentos de aparelhos são colecções exaustivas de limites MATLAB (registos M) que alargam a condição MATLAB para lidar com classes particulares de problemas. Regiões em que os compartimentos de instrumentos estão abertos fusível granizo cuidando de, estruturas de controle, estruturas neurais, justificativa emplumada, wavelets, reenactment, e vários outros.

3.4 O sistema MATLAB

O sistema MATLAB inclui cinco partes padrão.

Ambiente de desenvolvimento

Este é o plano de jogo dos instrumentos e locais de trabalho que o ajudam a utilizar os limites e relatórios do MATLAB. Uma parte significativa destes instrumentos são IUs gráficas. Junta o ambiente de trabalho do MATLAB e a janela de pedido, um histórico de convocatórias, um supervisor de artigos e um depurador, e projectos para ajuda de revisão, o espaço de trabalho, registos e o modo de perseguição.

A biblioteca de funções matemáticas do MATLAB

Trata-se de uma coleção gigantesca de figuras computacionais que vão desde limites simples, como o total, o seno, o cosseno e a matemática complexa, até limites mais refinados, como o inverso da estrutura, os valores próprios da secção transversal, os limites de Bessel e as mudanças rápidas de Fourier.

A linguagem MATLAB

Trata-se de um vernáculo de rede/grupo de estado invulgar com anúncios de fluxo de controlo, limites, estruturas de dados, entrada/rendimento e caraterísticas de programação orquestrada de desafios. Permite tanto a "programação em pequena escala", para influenciar rapidamente tarefas fáceis de eliminar, como a "programação em grande escala", para criar programas de aplicação consideráveis e complexos.

Gráficos

O MATLAB tem amplos locais de trabalho para demonstrar vectores e secções transversais como esboços e, além disso, iluminar e imprimir estes gráficos. Combina capacidades de estado estranhas no que diz respeito ao discernimento de dados bidimensionais e tridimensionais, ao tratamento de imagens, ao movimento e aos planos de apresentação. Além disso, consolida limites de baixo nível que lhe permitem experimentar totalmente a proximidade dos contornos e, não obstante, fabricar UIs gráficas completas nas suas aplicações MATLAB.

A Interface de Programa de Aplicação (API) do MATLAB

Esta é uma biblioteca que lhe permite criar programas C e FORTRAN que se ligam ao MATLAB. Consolida locais de trabalho para chamar planos do MATLAB (associação dinâmica), chamar o MATLAB como um motor computacional e para examinar e fazer registos MAT.

Existem diversos compartimentos de aparelhos no MATLAB para calcular a metodologia de afirmação, de qualquer modo, estamos a utilizar a caixa de ferramentas IMAGE PROCESSING.

3.5 INTERFACE GRÁFICA DO UTILIZADOR (GUI)

O Ambiente de Desenvolvimento de Interface Gráfica de Utilizador (GUIDE) do MATLAB oferece um rico curso de ação de instrumentos para juntar UIs gráficas (GUIs) em M-limits. Utilizando o GUIDE, as estratégias de configuração de uma GUI (isto é, os seus obturadores, menus emergentes, etc.) e a programação do funcionamento da GUI são separadas em duas tarefas fáceis de administrar e modestamente autónomas. O trabalho gráfico M resultante é composto por dois relatórios com nomes pouco claros (ignorando os desenvolvimentos):

- Um registo com a expansão .fig, denominado FIG-archive, que contém uma representação gráfica agregada de todas as coisas ou partes da GUI do limite e o seu curso de ação espacial. Um registo FIG contém dados paralelos que não devem ser analisados quando é executado o trabalho M relacionado com a GUI.

- Um registo com o crescimento .m, designado por GUI M-report, que contém o código que controla o funcionamento do GUI. Este registo funde os limites que são chamados quando o GUI é movido e deixado, e os trabalhos de retorno de chamada que são executados quando um cliente fala com os inquéritos do GUI, por exemplo, quando um botão é premido.

Para enviar o GUIDE a partir da janela de invocação do MATLAB, classifique o nome do ficheiro de controlo, em que o nome do ficheiro é o nome de um registo FIG atual no caminho atual. Se o nome do ficheiro não for tido em conta,

GUIDE abre outra janela (ou seja, limpa).

CAPÍTULO 4 - APLICAÇÃO

4.1 Introdução

O teste é o processo de identificar o progresso e a validação do sistema que foi desenvolvido. Este processo inicia-se após o desenvolvimento do programa. Sempre que um programador desenvolve um programa, tem de verificar a execução do mesmo. O controlo é feito para verificar o funcionamento do programa, se este está a funcionar de forma adequada, tal como previsto após o desenvolvimento, ou não. O processo de desenvolvimento envolve uma tarefa fastidiosa, em que o produto é desenvolvido sem que lhe estejam associados quaisquer erros. Mas não é esse o caso depois de o projeto ter sido desenvolvido, podem ocorrer alguns erros e estes devem ser identificados para eliminar as falhas que existem no sistema. Estas falhas são identificadas e enviadas como um feed back ao programador para melhorar o desempenho do programa. Tendo em conta estas postulações, o programador efectua as alterações necessárias para melhorar a sua eficácia. O principal objetivo do testador é identificar os erros e comunicá-los ao programador.

Objetivo

O objetivo principal dos testes é identificar as falhas que existem no programa, de uma forma eficiente, sem deixar escapar quaisquer erros no programa. É feito para reduzir os esforços do programador para identificar especificamente os erros em cada nível dado de uma forma manual, o que quase não é compatível no contexto atual, pois envolve muito tempo que pode ser utilizado no desenvolvimento de outro programa e, assim, reduz os encargos.

Apresentar a eficácia dos testes em função da:

1. Quando um teste descobre os erros que não foram identificados anteriormente, é considerado um teste bem sucedido.

2. Se existir um erro, então um teste eficiente deve identificar esse erro. Só então é aceite como um caso de teste eficiente.

3. Para detetar os erros que estão enraizados, os testes são suficientes.

4. Este software de teste identifica os erros e ajuda a melhorar a qualidade e também as normas.

5. A validação do resultado do teste baseia-se na identificação de erros no programa e, em seguida, é feita a retificação desses erros.

4.2 Ensaios

4.2.1 Teste de software

A verificação de programas ou a verificação de testes de código é a forma de verificar e encontrar as falhas que um código de aplicação ou aplicação fornece às necessidades tecnológicas que estão incluídas no seu desenvolvimento e teste. É a forma utilizada para detetar quaisquer erros/erros que estejam disponíveis no produto de software. Dá a qualidade do código. Existem vários tipos de verificação do código de programação, como os testes de esforço, os testes de regressão, os testes unitários, os testes manuais, os testes de caixa negra, os testes de desempenho e os testes de caixa branca, etc. Nestes tipos de testes, os testes de carga e os testes de desempenho são os mais importantes para uma aplicação Java e tratam de alguns dos vários tipos.

4.2.2 Ensaios de caixa negra

A verificação ou teste da caixa negra identifica o código de programação como uma "caixa negra" - não tendo qualquer ideia da estrutura real. Os métodos de verificação ou identificação da caixa negra envolvem: divisão de partes por equivalência, análise orientada para a gama, verificação de todos os pares, verificação baseada em modelos, matemática de rastreabilidade e testes de especificação.

4.2.3 Testes de caixa branca

O teste ou verificação de caixa branca é o momento em que o verificador de código tem acesso às estruturas de dados reais e à matemática ou algoritmos de código que envolvem a programação da funcionalidade real.

4.2.4 Teste de desempenho

A afinação ou os testes de desempenho são efectuados para verificar o desempenho do sistema ou dos subsistemas quando a carga de trabalho é elevada. A verificação também é efectuada mesmo que a carga de trabalho mínima também deva ser verificada. É também utilizado para fornecer, validar e verificar outros parâmetros ou atributos de qualidade da aplicação, como a escalabilidade da aplicação, a fiabilidade da aplicação e a utilização dos recursos.

4.2.5 Teste de carga

A verificação ou teste de carga é basicamente feita com a identificação que ajudará a continuar a monitorizar sob múltiplas cargas, quer se trate de uma maior quantidade de dados ou informações ou de um grande número de utilizadores.

4.2.6 Testes manuais

O processo de verificação manual é o processo de verificação manual do software para detetar erros ou falhas. A norma de codificação da aplicação é testada manualmente para prever a sua exatidão. Neste capítulo, são apresentados alguns exemplos de casos de teste para testes manuais.

Teste do sistema

No processo de ensaio, tal como foi referido anteriormente, cada módulo é ensaiado individualmente e os erros são detectados em função desses modos individuais, sendo efectuadas correcções sempre que necessário. Existem duas variantes

- Abordagem descendente
- Abordagem ascendente

A abordagem descendente é aquela em que o teste é efectuado do topo para a base do módulo. A outra forma de dizer isto é que a abordagem vai do módulo de nível superior para o de nível inferior para aceder à eficiência do desempenho de todo o sistema.

4.3Algoritmos

1. Matriz de Coocorrência de Nível de Cinzento (GLCM)

Haralicket introduziu pela primeira vez a utilização de probabilidades de coocorrência utilizando GLCM para extrair várias caraterísticas de textura. A GLCM é também designada por matriz de dependência de níveis de cinzento. É definida como "um histograma bidimensional de níveis de cinzento para um par de pixéis, que estão separados por uma relação espacial fixa". A GLCM de uma imagem é calculada utilizando um vetor de deslocamento d, definido pelo seu raio δ e orientação θ. Considere-se uma imagem 4x4 representada pela figura (1-a) com quatro valores de tons de cinzento de 0 a 3. Um GLCM generalizado para essa imagem é apresentado na figura (1-b), em que #(ij) representa o número de vezes que os tons de cinzento i e j foram vizinhos, satisfazendo a condição estabelecida pelo vetor de deslocamento. Estas caraterísticas são as seguintes

1. **O contraste** é uma medida das variações de intensidade ou de nível de cinzento entre o pixel de referência e o seu vizinho. Na perceção visual do mundo real, o contraste é determinado pela diferença de cor e brilho do objeto e de outros objectos no mesmo campo de visão.

2. A caraterística **de correlação** mostra a dependência linear dos valores de nível de cinzento na matriz de coocorrência. Apresenta a forma como um pixel de referência está relacionado com o seu vizinho, 0 é não correlacionado, 1 é perfeitamente correlacionado.

3. **A energia** mede a uniformidade de uma imagem. Quando os pixels são muito semelhantes, o valor ASM será grande.

4. **Homogeneidade:** mede a homogeneidade local de uma imagem. A caraterística IDM obtém as

medidas da proximidade da distribuição dos elementos GLCM em relação à diagonal GLCM.

Algoritmo

1. Etapa das imagens de entrada: a imagem que recolhemos da (University of South Florida Digital Mammography), recolhendo 100 amostras para treino e 20 amostras para teste.

2. Etapa de pré-processamento: é necessário que todas as imagens tenham a mesma caraterística e os mesmos ambientes para obter o resultado real para todas as amostras.

3. Extrair os passos das caraterísticas: Extrair as caraterísticas utilizando GLCM (Grey Level Co-occurrence Matrix) para extrair as caraterísticas obtidas a partir de 16 vectores que contêm (Homogéneo, Energia, Contraste, correlação) em graus (0,45,90,135).

4. Decisão final: para dar a decisão final sobre a doença se for normal ou anormal (cancro ou benigno).

0	0	1	1
0	0	1	1
0	2	2	2
2	2	3	3

Test image

Gray tone	0	1	2	3
0	#(0,0)	#(0,1)	#(0,2)	#(0,3)
1	#(1,0)	#(1,1)	#(1,2)	#(1,3)
2	#(2,0)	#(2,1)	#(2,2)	#(2,3)
3	#(3,0)	#(3,1)	#(3,2)	#(3,3)

General form GLCM

Figura (1-a) a imagem de teste para GLCM

4	2	1	0
2	4	0	0
1	0	6	1
0	0	1	2

6	0	2	0
0	4	2	0
2	2	2	2
0	0	2	0

GLCM for δ=1 and θ=0°GLCM for δ=1 and θ=90°

4	1	0	0
1	2	2	0
0	2	4	1
0	0	1	0

2	1	3	0
1	2	1	0
3	1	0	2
0	0	2	0

GLCM for δ=1 and θ=45°

GLCM for δ=1 and θ=135

Figura (1-b): Os quatro GLCM para ângulos iguais a 0°, 45°, 90° e 135°

2. Extração de regiões de interesse (ROIs)

As ROIs que contêm massas foram extraídas manualmente das mamografias originais. No nosso trabalho anterior, propusemos um método para a deteção automática de massas. Uma vez que a ênfase aqui é a investigação da classificação de massas, a extração manual de ROIs é adoptada para uma comparação eficiente. As capacidades texturais separadas por meio dessas estratégias foram utilizadas para agrupar as regiões de atividade de lazer (ROI's) em ROI's soberbas contendo Mcs agrupados e ROI's terríveis contendo tecidos gerais. Um grupo neural de proliferação retornada de 3 camadas acabou sendo claramente utilizado como um classificador. Os resultados do sistema neural para as técnicas de avaliação da superfície foram avaliados através da utilização de um exame das qualidades de trabalho do beneficiário (ROC).

4.4 Quadros

QUADRO 1

Estatísticas de mamografia para o teste de desempenho.

Pontuação de densidade	Benigno	Cancro	Normal	Total
Densidade 1	17	39	12	68
Densidade 2	66	53	20	139
Densidade 3	36	34	10	80
Densidade 4	9	4	8	21
Total	128	130	50	308

QUADRO 2

Comparação do desempenho de métodos de extração de caraterísticas com elevada sensibilidade.

Tipo de método de extração de caraterísticas	Sensibilidade (%)	Taxa F P (%)	AZ
Caraterística GLCM	89.6	27.7	0.88+0.03
Caraterística do ODCM	89.6	22.4	0.881+0.006
Caraterísticas da densidade ótica GLCM	90.3	4.9	0.981+0.002
ODCM-Caraterísticas de densidade ótica	90	4.8	0.976+0.004
Caraterísticas da densidade ótica GLCM	90.3	5.0	0.988+0.005

QUADRO 3

Técnicas de classificação de desempenho.

Ano	Base de dados	Segmentação do ROI	AZ
2012	DDSM	Manual	0.97
2012	MIAS	Automático	0.969
2013	DDSM	Automático	0.981
2013	MIAS	Manual	0.978
2014	DDSM	Automático	0.983
2017	DDSM	Manual	0.988

CAPÍTULO 5 - Trabalhos futuros, ecrãs de resultados e conclusão

5.1 Ecrãs de saída

Imagem de mamografia

As imagens de mamografia podem ser classificadas em dois tipos com base no seu tipo de tecido, como o tecido glandular adiposo e o tecido denso. Dependendo do tipo de anomalia que surge, pode ser classificada como benigna ou maligna.

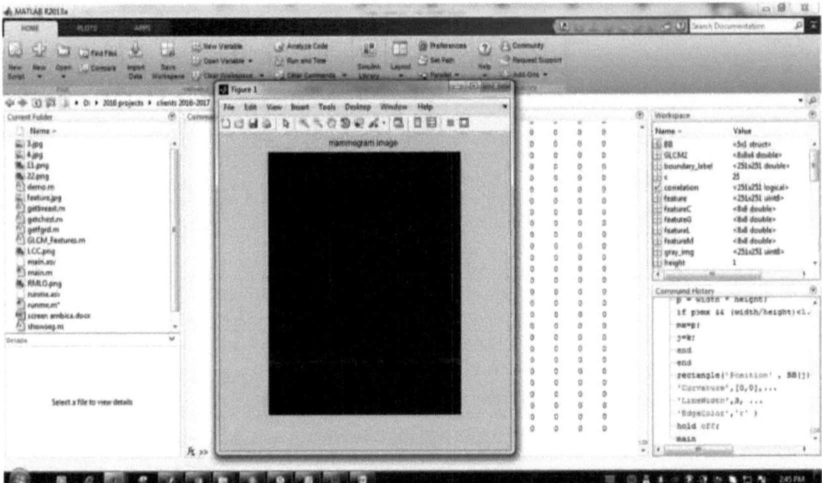

Pré-processamento de imagens

Inicialmente, as imagens de amostra utilizadas para este trabalho seriam recolhidas da base de dados da sociedade de análise de imagens de mini mamografias (MIAS). Numa imagem, a propriedade textual desempenha um papel importante na obtenção de informações úteis, juntamente com a análise da imagem, e na identificação da imagem como benigna ou maligna. As mamografias foram digitalizadas a 50 μm por pixel com uma densidade ótica linear no intervalo 0-3,2.

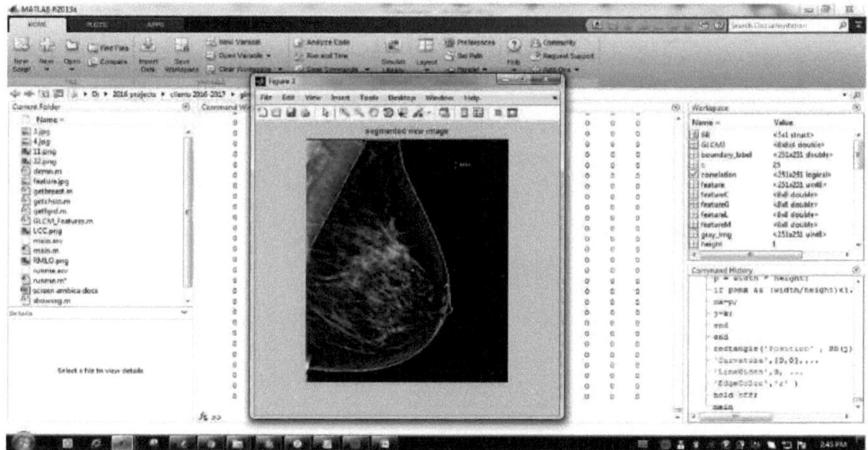

Caraterística GLCM Classificação

Neste método GLCM, as caraterísticas foram modeladas como uma matriz bidimensional de nível cinzento. As caraterísticas estatísticas analisadas neste método GLCM foram utilizadas com êxito para a segmentação de uma imagem. Este método é exato na deteção do cancro da mama, mas tem a desvantagem de utilizar o GLCM.

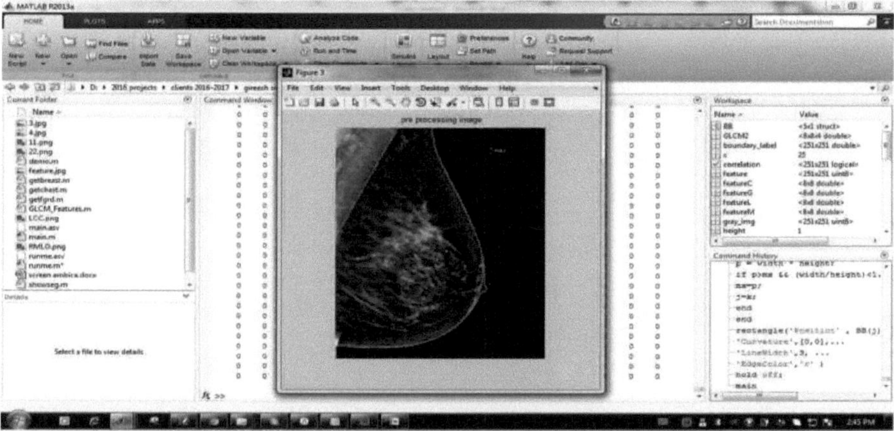

Estimativa de ROI

Os sistemas de estimativa de ROI acabaram por melhorar reconhecidamente a circunstância da metodologia de dependência do território envolvente, que foi proposta por estratégia para os fabricantes, e estratégias habituais de avaliação de superfície, juntamente com a abordagem de dependência de organização espacial decrescente, a abordagem de corrida transversal de estágio escuro e a abordagem de refinamento de arranjo decrescente.

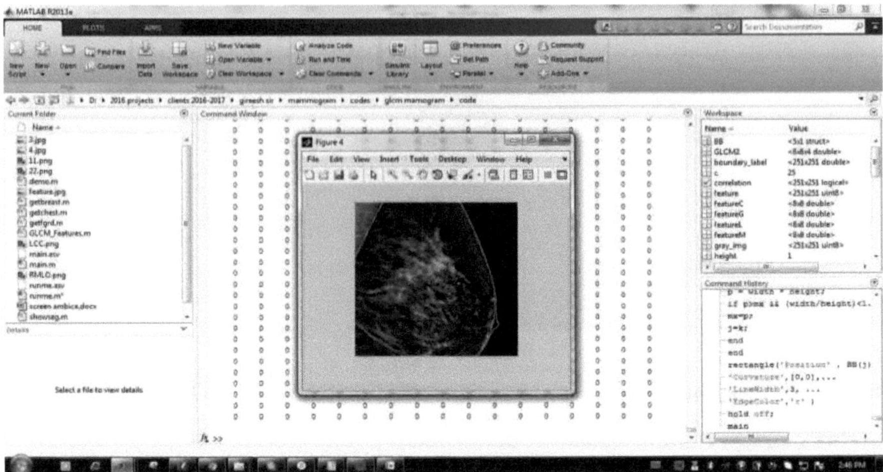

Pós-processamento

As imagens mamográficas com calcificações e massas em escala miniaturizada são geralmente pequenas e de baixa complexidade, o que torna as irregularidades difíceis de reconhecer. O pré-processamento quadrado inclui a atualização da imagem, a expulsão de comoções, veias e tecidos glandulares, o que se torna uma razão para alguns falsos positivos durante o processo de descoberta.

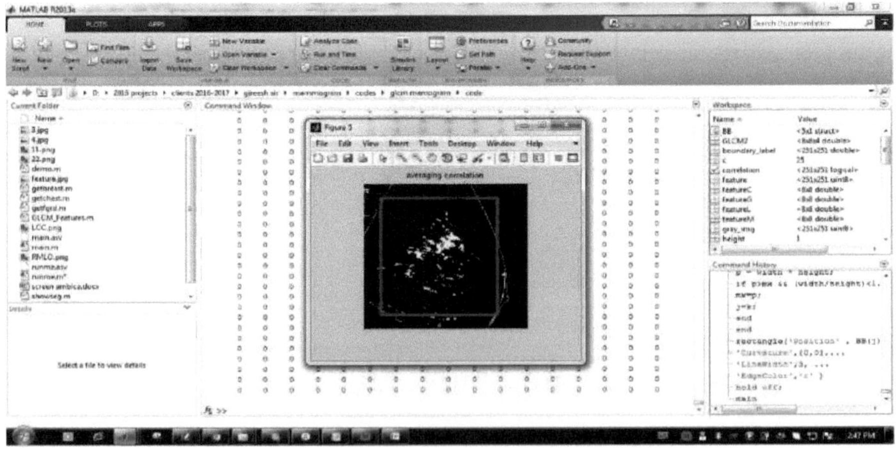

ROI e imagem de caliculação de caraterísticas

Resultado da imagem de saída . Os resultados da estrutura neural para os procedimentos de avaliação da superfície foram analisados através de um exame das qualidades de trabalho do recetor (ROC)

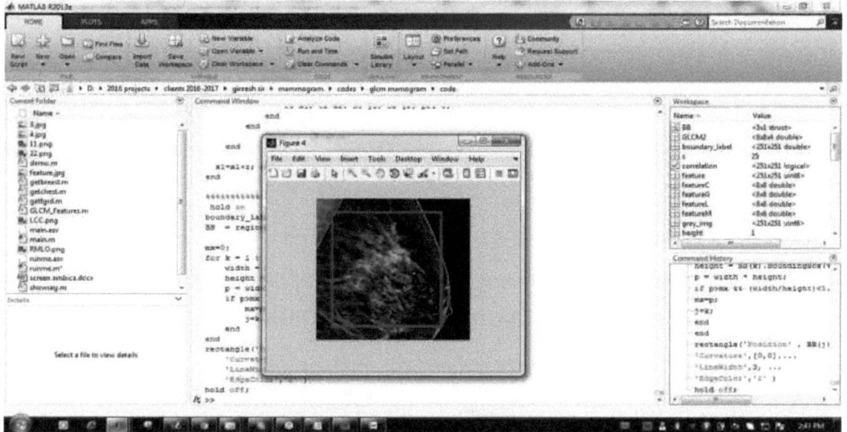

5.2 CONCLUSÃO E TRABALHO FUTURO

CONCLUSÃO

Tendo em conta os resultados da investigação e dos intercâmbios, a Comissão considera que:

1. Os elementos de superfície à luz do GLRLM podem ser utilizados para reconhecer massas nocivas e massas tipo em imagens de ultra-sons, com níveis de precisão que são geralmente inferiores aos elementos de superfície à luz do GLCM e aos elementos de superfície à luz do GLRLM e do GLCM unidos.

2. Os elementos de superfície à luz do GLCM podem ser utilizados para reconhecer massas nocivas e massas simpáticas em imagens de mamografia, com níveis de exatidão superiores aos componentes de superfície à luz do GLRLM, mas ao mesmo tempo inferiores aos elementos de superfície à luz do GLRLM e do GLCM consolidados.

3. Em comparação com o DDSM, os resultados do GLCM são exactos, utilizando a caraterística de textura ROI.

4. Estamos a calcular o GLCM, aqui a otimização do valor mínimo e máximo da intensidade do pixel e a encontrar a deteção exacta da caraterística. E, finalmente, para encontrar a parte exacta do tumor da mamografia, em comparação com a tecnologia existente, que é mais precisa do que o nosso sistema proposto.

TRABALHO FUTURO

O que é a biopsia mamária?

Uma biópsia do seio é a evacuação de uma amostra de tecido ou células do seio para ser testada para detetar uma doença maligna do seio. O especialista pode sugerir uma biopsia se a paciente tiver uma mamografia invulgar ou uma protuberância no seio.

- As capacidades de fotogramas de multi-resolução foram contrastadas com os destaques regulares de formas sem resolução para as suas capacidades de separação de classes. O exame incidiu sobre 60 fotografias mamográficas digitalizadas. A maioria tinha sido fragmentada fisicamente com a orientação de radiologistas, antes de ser colocada na máquina de encomendas.

- As capacidades de resolução unitária e de quadro multiresolução foram verificadas utilizando a medida de separação em espiral das obstruções de massa. O poder de separação das capacidades de forma foi investigado através de um exame discriminatório direto (LDA).

- O dispositivo acabou por ser claramente testado com o uso das metodologias de investigação simples e de exclusão. A máquina de caraterização, ao utilizar as capacidades de forma de resolução múltipla e de resolução unitária, levou a despesas de classificação de 83% e oitenta% para as estratégias de investigação inegáveis e de deixar uma de fora, separadamente.

Printed by Books on Demand GmbH, Norderstedt / Germany